上海城市记忆丛书

编著　娄承浩　陶祎珺

# 上海百年工业建筑寻迹

Centennial Industrial Buildings of Shanghai

同济大学 出版社
TONGJI UNIVERSITY PRESS

上海城市记忆丛书

策划　那泽民　乔士敏

统筹　娄承浩　陶祎珺

# 序言

现今我国正处于现代化、国际化的大潮中，到处都在有规模地开发、建设，红红火火地实现着"旧貌换新颜"。然而，在一片新气象中，我们也经常听到了另一种声音：人们变得越来越"怀旧"，也即越来越向往和钟情于旧时岁月里的东西了，同时，那后面的历史文化及其遗产从上到下开始被高度重视，并且，社会同样为之作出了有规模的行动。

如在物质文化领域，大多数城市只要有可能，都在市内设定了历史文化风貌（保护）区，以个性化的特色展现出自己城市的历史风采；更有甚者，不少古城重新砌筑起城墙，修复了高大的城楼、城门，以显古城的厚重旧貌；许多古镇均精心打造，恢复以往的各种旧元素，从而成了旅游者趋之若鹜的地方；远在穷乡僻壤的古村落，也一个一个地被开掘、整理出来，参观者接踵而至，竟顿时出名；而在许多城市里，有古街的恢复重建之，没有古街的，会硬生生地打造布置出一条"历史老街"，同样填入各种老的元素，从而成了这个城市非常特别的一道新风景线。至于在非物质文化领域，从 2006 年开始，我国开始从下到上建立了非物质文化遗产名录制度，于是包括民俗、民间传统文艺、民间传统技艺、民间传统游艺等，被广泛地挖掘、提炼与利用起来。大量非物质文化遗产项目是可以表演和演示的，它们现今已广泛充实到和活跃在我们每年的传统节庆和群众文化活动中，以非常别致亮眼的节目，在我们的现代生活中闪耀出了奇光异彩。

人们之所以有如此之大的怀旧情结，历史文化及其遗产到今天能冲破现代化、国际化的重围，受到当代大众广泛的尊重和青睐，我想是有多方面的原因的。首先，中国毕竟是文明古国，我们的国家和人民从悠久历史中一路行进过来，民族之魂永在，文化之根根深蒂固，这是极难动摇的；第二，在现代化、国际化的环境中，国家和地方的性格必然也被提到极大的高度，民族个性、地域特色于是被充分地肯定和阐扬，历史文化正好是民族个性和地域特色中最核心最有代表性的内容；第三，我国各个时代的文字记载，以及口耳相传的文化情节，丰厚无边，留下了无限广大和精彩的记录和口述，这足以使我们的文化记忆不会磨灭；第四，改革开放后，中国的旅游事业大发展，旅游需要文化，必然推进到历史文化，于是，借着旅游事业的春风，历史文化景点及项目的开发与兴旺就可谓如火如荼了。

也就在上述这样的大背景下，同济大学出版社适时地推出了这套《上海城市记忆丛书》

来，为我们上海文化遗产事业的传承和弘扬来增光添彩。这套丛书的编撰工作由以娄承浩先生为首的一批建筑史专家承担，以上海的重要历史建筑（既有尚存的，也包括已消失的）为研究对象，建立了一个专业性的系列。

关于建筑，我一直认为是我们每天目所必及与日常生活紧密相关的伴侣，而它们又正是每个城市里非常有历史底蕴，有人文内涵，同时以其形形色色的造型、装饰等，生成为一个城市宏观和微观的风貌、风情的主要载体。我想，建筑及建筑文化的伟大与令人感到亲切之处也主要就在此吧。而上海更是特别。上海在近代开埠以后，从一个县城跃起而为中国的第一大城和世界著名都会。在这一翻天覆地的变迁中，上海海纳百川，开全国的先河，各种各样的新颖事业，如近代的市政建设事业、近代公用事业、近代房地产业、近代教育事业、近代卫生事业、近代科技事业……在此全面地大举兴起。而每一个事业都需要由实体的建筑来承载的，于是巨量的、五花八门的各种建筑便在这个城市应运而生了。

目前有关上海的建筑图书已出版了不少，但这套丛书的可贵之处在于：以近代上海各种新兴事业为分类，一类一书，这样就做到了比较集中、比较专业，如你要了解、研究每一个专门事业的领域的建筑状况，就十分便利了。在写作上，做到了既有建筑的变迁追叙，又有它们的现状交代；既有建筑的结构风格，又有它们的人文故事；既有文字记述，又有大量图照的配合。所以虽然属于建筑方面的书，但称得上是简明清晰、阅读便易、引人入胜的了。这套丛书对唤起和强化我们的城市记忆，必然会起到清新的、独特的功效。

如果提什么希望的话，我但愿这套丛书能继续发动更多的作者，加入其中，以写出更多的专题来。因为大上海历史上形成和延续至今的新兴事业实在太多了，从而相随而起的建筑也是百业百态，丰富多彩，同样多值得我们在今天广泛地回顾和推介。当然，要全面反映和展示它们，并不容易，尤其是一些特殊的类别。不过，来日方长，可以慢慢地不断延伸，只要我们坚持下去，我想这个系列一定就会如雪球一样，越滚越大，越滚越强的。

上海社会科学院　郑祖安

2016 年 12 月

目　录 Contents

# 附　录

# 后　记

# 第一章 历史篇

## 得天独厚上海港

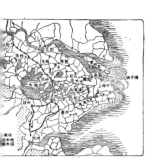

上海连接着长江三角洲地区的水道

上海是我国近代工业的发源地，外国资本、官僚资本和民族资本都在这里创办码头、仓库和工厂，仅仅不到一百年的发展，上海就成为我国近代工业的基地。

中国近代工业为什么选择在上海发展，上海有什么得天独厚的优势条件促使近代工业迅速发展呢？这首先要从上海的地理自然条件说起。

上海位于我国沿海大陆海岸线的中部，东濒东海，北界长江，南临杭州，西与江苏、浙江两省接壤。从世界地图上来看上海，这里是世界海上环航的必经之地。因此，它具有发展海上运输和贸易的地理条件。

上海又是长江口的龙头和长江流域水系的汇合点，是我国沿海与内地联系的主要通道和集散地。长江流域面积有 75 万平方英里，河道宽敞，大型船只可以从上海直通武汉、宜宾。

上海地势平坦，除西南部的佘山、天马山等 10 余座小山之外，大部分是长江泥沙冲积而成的平原，地势自然坡度小，有利于发展陆上交通和集聚人群开辟城市。

上海位于亚热带东亚季风盛行地区，气候温和湿润，雨量充沛。

上述的四大因素，使上海成为常年不冻和水量充沛的天然港口。

从明代起，上海地区在朝廷鼓励植棉政策的推动下，大力植棉。棉纺织手工业也随之迅速发展，通过水运交通，形成了许多棉纺织品集散地。以棉纺织生产、贸易为中心的市镇居民点不断形成，据不完全统计，宋元以前上海地区的市镇不过数十个，明正德年间增至 37 个，鸦片战争前夕，新增的大小市镇已达到 150 余个。[1]

由于清政府实行严格的闭关锁国政策，18 世纪的上海基本上还处在封建主义生产自给自足的社会阶段。1832 年 6 月 20 日至 7 月 8 日，英国东印度公司"阿美士德"号货船不顾清官府的警告，转换小船窜进黄浦江，拜访官府，访问崇明岛，刺探情报活动。他们躲在芦苇丛中的小船上，统计吴淞口进入的船只，7 天共有 400 艘之多，吨位 100 至 400 吨不等，船只来自天津、东北、福建、台湾、广东和东印度群岛等地。东印度公司林德赛还发现："自吴淞口循黄浦江进入县城的小道宜于航行，沿江两侧的河渠纵横交错，土地精耕细作，与荷兰几乎有异曲同工之妙。在县城南部的港区，有宽敞的码头和巨大的货栈占据了江岸，泊岸的水深足以使帆船停靠并沿码头卸货。城外的江面有近半里宽，中心航道水深 36~48 英尺，简直是一处天赐的优良海港。"[2] "阿美士德"号在上海停留了 19 天，获得了大量的情报。1833 年林德赛给东印度公司的《阿美士德号货船来华航行报告书》(Report of Proceedings on a Voyage to the Northern Ports of China in the Lord Amherst-1833) 在英国公开出版。林德赛等人惊讶地发现上海这块宝地后，大肆鼓吹对中国的武装侵略，用武力迫使清政府屈从，彻底暴露了他们以考察为名，实为充当英国发动侵华战争先遣部队的嘴脸。另一方面，林德赛的报告书无意中向世人第一次展示上海港的迷人风采。

"阿美士德号"货船来华航行报告书（来源：哈佛大学图书馆）

1 刘惠吾. 上海近代史（上），华东师范大学出版社，1985 版，第 16 页

2 罗苏文. 上海传奇，上海人民出版社，2004 版，第 37 页

## 我国沿海大商埠

西方列强垂涎中国广阔富饶的土地和上海得天独厚的地理自然条件，1840 年英国悍然发动鸦片战争，在英国侵略军坚船利炮的威逼下，叩开了清政府闭关自守的国门，上海成了我国五个通商口岸之一。

自 1843 年 11 月 17 日上海开埠后，西方传教士和商人接踵而来。

来上海的外国人，最早的是英国人，最多的是日本人、无国籍

1843-1942 在上海登记居住的外国人数[1]

| 年份 | 1843 年 | 1844 年 | 1846 年 | 1860 年 | 1895 年 | 1905 年 | 1925 年 | 1931 年 | 1942 年 |
|---|---|---|---|---|---|---|---|---|---|
| 人数（名） | 25 | 50 | 200 | 600 | 5000 | 10000 | 30000 | 60000 | 150931 |

俄国人、美国人、英国人和法国人。他们中有传教士、领馆人员、记者、建筑师，最多的是商人。

19世纪中叶刚开埠的外滩

外国商人在上海开埠后仅数月，1844年初在上海外滩沿江一带租地建造房屋的就有怡和洋行、仁记洋行、义记洋行、巴地洋行和宝顺洋行。一年后发展到11家[2]，1848年又发展为24家，至19世纪50年代中期，上海已有各式各样的洋行约120家之多。[3]

英美商人设立的洋行，早期以走私贩运鸦片起家，其中规模较大的有英商怡和洋行、太古洋行；美商旗昌洋行。除了非法鸦片贸易外，生丝和茶叶贸易不断上升。19世纪50年代（1855年）中期以后，中国的生丝几乎全部通过上海出口，茶叶出口达8000多万磅，棉布（洋布、粗哔叽）成了主要进口商品，进口船只已是广州的三倍半，上海已取代广州成为全国通商贸易的中心。[4]

1911年时的太古洋行

贩运鸦片

工人们正在搬运成箱的鸦片

从上海运往外国港口由江海关报税的出口货物

| 货物 \ 年份 | 1850 | 1860 | 1870 | 1880 | 1890 | 1900 | 1910 | 1920 | 1930 |
|---|---|---|---|---|---|---|---|---|---|
| 生丝 | 52% | 66% | 62% | 38% | 34% | 30% | 26% | 20% | 14% |
| 茶叶 | 46% | 28% | 32% | 48% | 30% | 16% | 10% | 4% | 4% |
| 杂货 | 2% | 6% | 6% | / | / | / | / | / | / |
| 各种原料 | / | / | / | 10% | 14% | 20% | 16% | 18% | 10% |
| 植物油 | / | / | / | / | 6% | 10% | 12% | 16% | 18% |
| 各种制造品 | / | / | / | 4% | 4% | 8% | 8% | 14% | 16% |
| 纺织品 | / | / | / | / | / | / | 4% | 8% | 16% |
| 兽皮、皮革、猪鬃 | / | / | / | / | 8% | 10% | 10% | 12% | 14% |
| 蛋和蛋制品 | / | / | / | / | / | / | 6% | 8% | 8% |
| 原棉 | / | / | / | / | 4% | 6% | 8% | / | / |
| 总计 | 100% | 100% | 100% | 100% | 100% | 100% | 100% | 100% | 100% |

从国外港口运抵上海经江海关报税的进口货物

| 货物 \ 年份 | 1850 | 1860 | 1870 | 1880 | 1890 | 1900 | 1910 | 1920 | 1930 |
|---|---|---|---|---|---|---|---|---|---|
| 鸦片 | 54% | 48% | 34% | 34% | 22% | 12% | 12% | / | / |
| 棉织品 | 34% | 44% | 50% | 42% | 44% | 50% | 32% | 36% | 8% |
| 杂货 | 6% | 4% | 10% | 12% | 16% | 12% | 16% | 6% | 10% |
| 棉纱 | 6% | 4% | 6% | / | / | / | / | / | / |
| 煤 | / | / | / | 6% | 4% | 4% | 4% | 4% | 4% |
| 金属和矿物 | / | / | / | 6% | 6% | 6% | 6% | 10% | 20% |
| 机器 | / | / | / | / | / | 6% | 8% | 16% | 28% |
| 石油产品 | / | / | / | / | 4% | 6% | 6% | 8% | 6% |
| 原棉 | / | / | / | / | / | / | 4% | 8% | 14% |
| 木材 | / | / | / | / | 4% | 4% | 4% | / | / |
| 烟草 | / | / | / | / | / | / | 4% | 4% | 4% |
| 糖 | / | / | / | / | / | / | 4% | 4% | |
| 小麦和面粉 | / | / | / | / | / | / | / | 4% | 6% |
| 总计 | 100% | 100% | 100% | 100% | 100% | 100% | 100% | 100% | 100% |

1870-1920 年间中国各主要港口的对外贸易和国内贸易
（单位：海关银一百万两）

| 货物 \ 年份 | 1870 对外 | 1870 国内 | 1880 对外 | 1880 国内 | 1890 对外 | 1890 国内 | 1900 对外 | 1900 国内 | 1910 对外 | 1910 国内 | 1920 对外 | 1920 国内 |
|---|---|---|---|---|---|---|---|---|---|---|---|---|
| 上海 | 90 | 96 | 88 | 112 | 101 | 136 | 160 | 181 | 316 | 382 | 504 | 532 |
| 广州 | 28 | 24 | 30 | 26 | 28 | 24 | 34 | 26 | 47 | 38 | 59 | 46 |
| 汉口 | 18 | 16 | 21 | 25 | 14 | 42 | 15 | 52 | 13 | 58 | 13 | 73 |
| 天津 | 15 | 9 | 16 | 14 | 18 | 25 | 32 | 38 | 64 | 68 | 108 | 117 |
| 青岛 | / | / | / | / | / | / | 5 | 4 | 15 | 9 | 14 | 12 |

| 港口 | 对外贸易 | 国内贸易 |
|------|---------|---------|
| 上海 | 55% | 38% |
| 天津 | 11% | 8% |
| 广州 | 6% | 4% |
| 汉口 | 4% | 6% |
| 青岛 | 4% | 2% |

1925–1935 年间中国各主要港口对外贸易和国内贸易

航运业是通商贸易桥梁和纽带，随着贸易业务不断增长，各家航运公司增加航行班次延伸航线，进出口吞吐量不断上升。上海开埠次年进出港的货物总值为 988 863 磅，到 1853 年猛增至 7 224 000 磅。黄浦江上外国船只进出繁忙，仅 1862 年 9 月 13 日这天，有人统计停泊在黄浦江的外国船只多达 268 艘。[9]

航运船只的增多，停泊船只的码头在黄浦江两岸不断兴建，怡和、宝顺、仁记、金利源等洋行都有自己的专用码头。早期的码头由木结构桩基和浮码头承担，后来码头设施改进，由工部局绘制设计图经审查后施工，码头向水面延伸最多为 30 英尺（9.15 米），至少为 20 英尺（6.1 米），保证遇到低水位时船只也能停靠。工作区也不断扩大，形成码头专用区域。1862 年美商旗昌洋行（旗昌轮船公司）在十六铺租用的金利源码头长达 300 英尺（91.5 米），法国轮船公司的法兰西码头长达 1649.11 英尺（502.99 米）。

外国商船在上海码头

轮船招商局虹口东栈码头鸟瞰　　　　　　　　　　　　　　　　法租界码头

　　码头是装卸货物的地方，紧靠码头的还有收货发货的仓库或栈房。不仅在黄浦江两岸，在苏州河两岸从 19 世纪 60 年代起，也陆续兴建简易码头和仓库栈房。这条通往太湖流域腹地，连通黄浦江的水路，成为内外通商的黄金通路，内地的货物通过木船、小火轮源源不断地运往苏州河两岸的仓库，外国货轮上的货物通过码头仓库和苏州河仓库分散到内地。

日本邮船公司汇山码头

公和祥码头公司的亨特码头、虹口码头和琼记码头

公和祥码头公司的浦东码头

新瑞和洋行设计的太古轮船公司码头（建造中）

1 熊月之 等.上海的外国人，上海古籍出版社，2003 版，第 1 页

2 唐振常 等.上海史，上海人民出版社，1989 版，第 135、150、221 页

3 上海租界志，上海社会科学出版社，2001 版，第 111 页

4 唐振常 等.上海史，上海人民出版社，1989 版，第 135、150、221 页

5 罗兹·墨菲.上海——现代中国的钥匙，第 141 页

6 罗兹·墨菲.上海——现代中国的钥匙，第 141-142 页

7 罗兹·墨菲.上海——现代中国的钥匙，第 142-143 页

8 罗兹·墨菲.上海——现代中国的钥匙，第 143 页（海关记载的贸易只是全中国总贸易的一部分。

9 刘惠吾.上海近代史（上），华东师范大学出版社，1985 版，第 200 页

10 罗兹·墨菲.上海——现代中国的钥匙，第 107 页

11 罗兹·墨菲.上海——现代中国的钥匙，第 109 页

12 罗兹·墨菲.上海——现代中国的钥匙，第 156 页

13 黄汉民，陆兴龙.近代上海工业企业发展史论，上海财经大学出版社，2000 版，第 22 页

20 世纪前，上海通商贸易主要靠水路，1908 年修筑沪宁铁路长 193 英里（311 公里），1909 年又修筑了沪杭铁路 118 英里（189 公里），还有淞沪支线铁路。铁路运输是大容量的运载工具，使上海的通商贸易辐射到全国各地。[10]

但是，当时的铁路与水路运输相比较，规模还是较小，水路运输在相当长时期始终是上海主要交通方式。除了黄浦江水路外，苏州河水路通航能力相当大。"1919 年上海公共租界工部局曾在靠近苏州河河口的一个地方，统计往来船只，发现 24 小时内平均有载重 10 吨至 90 吨的货船 1858 艘，货运舢板 807 艘通过。姑且假设其中舢板平均拥有货船载重量的一半，该项数字表明，这条河流的船舶货运量比沪宁、沪航两条铁路的任何一条，要大五至六倍。"[11]

黄浦江、苏州河和沪宁、沪杭铁路四条大动脉，把长江流域的经济与世界上许多国家的经济联系起来。至 20 世纪 20 年代，上海与广州、天津、青岛、汉口等主要港口相比，外运贸易总值继续遥遥领先，稳居第一。根据江海关记录，从中国各口岸运到上海的进口商品总额，接近 6500 万两海关银，而从上海运往中国各口岸的出口商品总额，接近 4600 万两海关银。数字表明上海还是我国中转运输的枢纽。[12]航运通商的发展，伴随着金融业的兴盛，20 世纪 20 年代末至 30 年代初，全国有 81% 的银行总部集中在上海，在全国货币发行、外汇、金融交易等业务中起着掌控的作用。[13]

苏州河口

沪宁铁路通车典礼

1906 年上海火车站

### 外国资本的进入，自然经济的瓦解

上海在开埠前就是江南名邑，海上贸易和航运业十分发达。从元代海运漕粮开始，上海沙船业应运而生。这种空载时须装砂后仓的平底船，适应水浅沙多的北方海道。据史料记载："自康熙二十四年（1865 年）开海禁，关东豆、麦，每年至上海者千余万石，而布、茶、南货至山东、直隶、关东者，亦由沙船载而北行。"沙船载重量初期不超过 1000 石（约 50 吨），后来经过改造增加到 1500 至 3000 石。在乾、嘉年间，集聚在上海黄浦江上的沙船有 3500 艘左右。除了上海的沙船外，浙、闽、粤的乌船、疍船、估船停泊在上海港的越来越多。但是，当时从欧洲来的外国商船集中在广州，南洋来的商船集中在厦门，商品货物再由闽广转运至上海。[1]

明清时期，上海的棉纺织手工业也十分发达。棉花是上海地区主要的农作物，朝廷从政策上鼓励植棉，因此"海上官民军灶，垦田凡二百万亩，大半种棉，当不止百万亩"[2]。上海地区的良种棉花箕短花繁，每斤可收花衣[3]六七两。当时种稻，每亩收入在 2400 文左右，棉花遇丰年每亩可售 5000 至 6000 文，少则 1000 至 2000 文。[4]因此，绝大部分农民都种植棉花。棉花产量富庶，一部分就被变成是市场上流通的商品，另一部分由家庭作坊纺纱织布使棉纺织手工业迅速发展起来。

开埠后外滩边的货运场景

农民推着独轮车去赶集

纺棉纱的女工

木制织布机

　　以航运业和棉纺织手工业为两大支柱的上海地区经济，使上海繁荣发展起来，成为"江海之通律，东南之都会"。

　　上海开埠后，外国资本通过船舶修造、原料加工和城市公用事

上海早期运输工具沙船

河浜船只

渔港帆船

业三条线、开设工厂、输出技术、招收大批农村劳动力进工厂劳动，
使上海原来封建主义的自然经济迅速瓦解。

19 世纪 40 年代，进出上海的船只达几百艘，至 19 世纪 50 年代
迅速增加到 2000 艘左右。航运业的发展，承接船舶修造业务的外资
船舶修造工厂也应运而生了，并成为当时稳获巨利的一个重要行业。

1856 年，美国人贝立斯（Nich·olas Bayires）在吴淞开设船厂，
同年 7 月制造了一艘 68 英尺，载重 40 吨，马力 12 匹，吃水 2 英尺
8 英寸的轮船，名为"先驱号"，这是外国人在上海制造的第一艘轮
船。[5] 另一个美国人杜那普（J·Dewsnap）在虹口开办修船的船务，
1865 年由英商收购，改名为"耶松船厂"。船坞长 112.24 米，门宽
16.46 米，中宽 15.24 米，涨潮时可容纳吃水 4.27 米的船舶修理。[6]

1894 年外资船舶修造长占上海外贸工业总资本额的三分之一，
上海的近代工业由此开始了。[7]

外商的船舶修造厂经过兼并后，形成耶松和祥生两家船舶修造

国外进口机器从海轮上卸下

浦东马勒船厂
耶松船厂船码头
修船的工人们

上海早期外商开设的主要船舶修造厂

正在建造中的商船

| 时间 | 名称 | 地区 |
|---|---|---|
| 1856 年 | 美商船厂 | 吴淞 |
| 1860 年 | 虹口造船厂 | 虹口 |
| 1861 年 | 柯立·兰巴船厂 | 浦东 |
| 1862 年 | 英联船厂 | 浦东 |
| 1862 年 | 祥生船厂（英） | 浦东 |
| 1863 年 | 德卢船厂 | 浦东 |
| 1863 年 | 旗记铁厂（美） | 虹口 |
| 1864 年 | 耶松船厂（英） | 虹口 |
| 1864 年 | 莫立司船厂 | 浦东 |
| 1864 年 | 布莱船厂 | 浦东 |

业的巨头，有专门的船坞，规模加大，设备先进。1880 年祥生船厂增建了一个长 450 英尺、宽 180 英尺的新船坞，是当时上海港内最大的船坞。1884 年耶松船厂建造的"源和号"轮船，船长 280 英尺，载重 2000 吨，时速 11 海里，是当时的巨轮。[8]

船舶修造带动了锻冶、机器和制绳等与船舶有关的工业发展，一大批上海和江浙一带的农村劳动力为挣比农活更多的钱，纷纷到这些工厂打工。

原来富饶繁荣的江南名邑，在外国资本、外国科学技术设备的输入下，封建主义的自然经济遇到了史无前例的挑战。清道光至同治年间，"自汽船盛行后，搭客运货，更为便利，而沙船之业遂衰"。[9]造船和修船不再是木船，二十铁壳的机器船，原来造小船的作坊和工匠束手无策。沙船业敌不过外国轮船的先进、规模和速度，很快就一落千丈。

上海的棉花生产和棉纺织手工业发展，使上海市场繁荣起来。原来一家一户的生产方式随着市场不断扩展，明末清初生产工具有了不少变革，轧花车发展成搅车，生产效率提高了三四倍；纺车从单绽一线手摇式改为三绽三线脚踏式，每日纺纱由 4 两提高到 8 两至一斤。[10]但是，进口的机器织的洋布质好价廉，源源不断地运销中国市场后，中国传统的棉纺织手工业受到了严重的冲击。

据清光绪年间史料记载，嘉定县真如镇四乡："女工殊为发达。盖地既产棉花，纺织机杼之声相闻，而又勤苦殊甚，因非此不足以

1842 年、1867 年、1885 年国外棉纺织品占中国进口总值

| 1842 年 | 国外棉纺织品占中国进口总值 | 8.4% |
|---|---|---|
| 1867 年 | 国外棉纺织品占中国进口总值 | 21% |
| 1885 年 | 国外棉纺织品占中国进口总值 | 35.7% |

棉纱厂内景

补家用也。所织之布名杜布，缜密，为金色之冠。年产百余万匹，运销两广、南洋、牛庄等地。自沪上工厂勃兴，入厂工作所得较丰，故妇女辈均乐就焉……光绪中叶以后，机器纱出数渐减。"[11]

外商看到上海地区生产棉花而中国传统的棉纺织品又淡出市场后，就投资棉花原料的加工业生产，这样比进口洋布更能赚钱。外商早在 1868 年就成立火轮机器本布公司，遭到清朝官府抵制，成为死胎。1882 年美商又筹划丰祥织洋棉纱线公司，清政府这次更严厉惩罚，将买办王克明抓捕，直至其声明放弃拟建纺纱厂地基后才获释。1883 年 11 月怡和洋行参与组建外商棉纺织公司，上海道台又断然拒绝。[12] 直至 1895 年 4 月 15 日《马关条约》签订后，日、英、美、德、法等国取得了在华投资设厂的权利，棉纺织行业的大门被强行打开了。

1895 年 英商怡和纱厂（开办资金 150 万两，工人 3000 人，纱锭 5 万枚）

1897 年 英商老公茂纱厂（1925 年售给日商）

1897 年 美商鸿源纱厂 （1918 年售给日商）

1897 年 德商瑞记纱厂 （后来售给英商）[13]

日商在 1895 年筹建"东华纺织公司"后来董事会认为在日本本土设厂更有利可图，因此停止刚开始的建厂活动。同年日本三井物产会社的上海机器轧花局在浦东兴建厂房，将棉花轧成原棉向日本等国出口。20 世纪初，随着日本在华势力逐渐大于英、美、法、德的势力，日商趁势集中投资上海的棉纺织业，而且发展势头十分迅猛。

日本三井洋行 1902 年 12 月收买上海兴泰纱厂，1905 年租办大纯纱厂，1908 年组建上海纺织株式会社。

日本大阪内外棉株式会社 1911 年开设上海内外棉三厂，纱锭 2 万枚，1912 年又开设内外棉四厂（一、二厂在大阪）。

上海开埠前后，生丝和茶叶一直是出口的大宗商品。在1847—1858年间，出口丝与茶的价值相比，年均为1.7倍。由于用机器缫丝比用中国土法缫丝的外销每磅可多售6先令。外国资本看好这个利润丰厚的产业，纷纷意向投资开厂，与棉纺织业一样，清朝政府处于维护本国利益，仍然不准许。外商便利用国中之国的租借特权，在租界开设缫丝厂，虽然从蚕区到上海租界要增加每磅3先令不到的运费，但是仍然获利不少。

怡和纱厂厂房

1859年英商怡和洋行设立怡和纺织局，于1861年在苏州河畔（今南苏州路）开设工厂，装备100台意大利缫丝机，还有锅炉、蒸汽机等洋设备，成了中国第一家机器缫丝厂。1863年缫丝机扩大为200台，后来因为蚕茧原料供不应求，只得停工关闭。[14]

19世纪70年代烘茧技术过关，可以贮存大量收购来的蚕茧原料，在国际市场上机器制作的缫丝比中国手工制作的缫丝高出20%—50%价格，平均每担可多赚200两白银，因此又引起外商的浓厚兴趣。

怡和棉纺织有限公司

1878 年美商旗昌洋行开办了旗昌丝厂，建厂时有缫丝机 50 台，两年后增加至 200 台。1882 年英商又开设公平丝厂，有缫丝机 216 台，同年另一家怡和丝厂开设，有缫丝机 200 台。[15]

1887 年起，由于印度与锡兰的茶叶在世界市场上的竞争，使中国的茶叶出口下降，而丝与丝织品出口不断增长，约占出口总值的三分之一弱。[16] 在当时，生丝出口在我国对外贸易上起了平衡贸易逆差的重要作用。

至 19 世纪 80 年代，上海有英美法德 4 国开设的 7 家缫丝厂和 1 家丝头厂，投资总额为 550 万元，雇佣工人共约 6000 人。[17] 机器缫丝工业是甲午战争前（1894 年）外商在上海工业中投资最多，规模最大的行业。面对着如此强劲的机器缫丝生产的冲击，中国传统的土法缫丝生产只能望而兴叹。开始，养蚕区农民只售土丝不买鲜茧，有的地方官府限制缫丝厂购茧，但是手工缫丝质量比不过机器缫丝，产量也比不过。而且机器缫丝生产需要更多的蚕茧原料，使农民养蚕种桑在农业中的比重不断增加，农民的收入由农作物收入转向发展副业增加收入。有的地方农民收入三成来自种稻，七成来自蚕桑。大批农村妇女进了缫丝厂做工，女工的工资只有男工的三分之一，被残酷剥削，但是对原来在农村毫无一点收入的农村妇女来说，还是有吸引力的。

棉花和生丝的中国传统的手工业生产被扼杀后，外国资本又瞄准烟草生产，在中国内地推广种植烟草，建立烟叶收购中心，在上海等地建立设备先进、颇有规模的卷烟厂。19 世纪末，机器生产的洋烟使中国农村的土烟迅速衰退。

外国资本就是这样将中国生丝、茶叶、棉花、烟草等主要农村经济作物和手工业生产逐一破产，然后沦为他们的原料基地。上海由于它特殊的地理位置和特殊的政治特权，外国资本在这里不断开设工厂，将上海变成中国原料加工基地之一。

随着外商在上海投资项目增多，人数不断增加，特别是各国在上海租界势力不断扩大，西方生活习惯和生活环境逐渐移植到上海。

19 世纪 60 年代初，英国人史密斯（Alex Kenned Smith）。

上海煤气公司（西藏路 1865 年）

首先提出在上海建立煤气厂的意见。当时英国大部分城镇已经使用煤气照明，英国已有煤气公司 200 家，这项技术已经十分成熟，很快引起在沪英侨的浓厚兴趣。1862 年 2 月他们向社会发起募股集资，1863 年 12 月选定苏州河南岸泥城桥东侧（今西藏路桥），以地价每亩 550 银两的价格购入土地 8.764 亩。股东推举 C·J·金为董事长，上海大英自来火房开始建厂。英国查普曼公司负责建厂筹划和机器设备订购工作，并派遣英国煤气工程师和技工到上海，1865 年 9 月煤气厂竣工。这个近代工厂有日产煤气 850 立方米的水平式煤干锅炉 1 组，脱硫设备 1 套，700 立方米直升式储气柜、座，敷设输气管线 7864 米，共安装煤气表 58 只，其中家庭用户 39 只。同年 12 月 18 日，南京路从河南路至外滩的 10 盏煤气路灯也开始使用。[18]

　　这是中国第一家煤气厂，也是上海公用事业工厂企业的第一家。煤气照明比传统的油灯照明具有清洁、便利、亮度高的特点，使历来在似萤火光环境中生活的人民，见到了通宵"不夜天"。很快自来火房的业务迅速发展。后来煤气不仅用于路灯照明，还用于家庭烹饪和工业生产，成为清洁、高效又安全的燃料。大英自来火不断改建和扩建，在华德路（今长阳路）新建储气柜，但是仍然供不应求。1900年英商自来火房改组为英商上海煤气股份有限公司（Shanghai Gas co. ltd）。1903年在泥城桥（今西藏中路）新建容量为3.1万立方米的钢结构储气柜（一号气柜），1904年又新建二号储气柜，至1911年煤气供应范围延伸到静安寺、兆丰公园（今中山公园）。20世纪20年代，上海市中心中国传统的以柴火为燃料的生活和生产模式彻底变了样。

饮水对人们的生活来说，比照明更重要，但是上海出现自来水却晚于煤气照明。上海境内大小河流纵横交错，居民饮水就近取之于河浜、池塘或土井。上海开埠后，外国人不习惯吃"河浜水"，1860年旗昌洋行在上海外滩开凿了一口深达78米的深井，仅供央行内部使用。1875年英国人格罗姆（F. A. Croom）等人集银3万两，在黄埔江北岸（杨树浦）购地115亩，建造自来水厂。该厂建有沉淀地、过滤地、水泵等设备，用船将黄浦江水载运至贮水池，经过滤后再用船将水运送到外滩，向过往船只供应过滤水。向居民供水用水车运往，水价按路程远近计算，每千加仑[19]从6千克先令6便士到13先令不等。这种花钱买水，开始上海居民不接受，所以生意清淡，过滤水生产维持5年后停产。

饮水的卫生，市政、商用和消防的用水问题，一次次提交工部局会议讨论。工部局为此对苏州河、黄浦江和自来水厂取水口作了调查，英国莱劳公司等提交了建造自来水厂的方案。租界纳税人会议几次召开，否决了莱劳公司方案，不授权工部局单独建厂，只能暂搁一边。1879年8月，法租界发生火灾，烧毁房屋1000余幢，财产损失170余万银两，这一事故发生促使公共租界纳税会议通过了建水厂的议案。1880年英商上海自来水公司在杨树浦原过滤水厂地点购地111亩，公共新建杨树浦水厂。取水口设在杨树浦许昌路附近江边，这段黄浦江江面较宽，在涨潮后1小时的最高潮位时取水，可以取得较好的原水。厂房设备有容量613万加仑的沉淀池蓄水池2

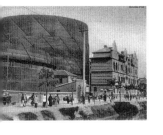

泥城桥畔上海煤气公司

座，容积为 84 万加仑的清水池 1 座。还在租界中心区建造容量为 20 万加仑的钢结构水塔，水塔水柜直径 15.24 米，深 3.3 米，用 10 毫米锅炉钢板制成。水塔高 31.5 米，这个巨大的构筑物矗立起来后成为上海滩的一大奇观。1883 年 6 月 29 日举行投产典礼，清政府直隶总督李鸿章亲临现场，并开动进水阀。同年 8 月 1 日起，这座每日供水 50 万加仑的自来水厂，通过江西路水塔，连续不断地向租界居民供水。

杨树浦水厂开创了中国自来水公用事业的先例，向居民供水后引起了极大反响。许多人习惯于引用河水，看到通过铺设管道来的"自来水"，感到十分新鲜。有的人误为"水有毒质，饮之有害，相戒不用"[20]。后来，"水公司遍赠各水炉茶馆，于是用者渐众，民众之

英商自来水公司，后来的杨树浦水厂

英商自来水公司董事合影

英商自来水公司外籍职员

杨树浦水厂厂房

上海之建筑 英界自来水塔

江西路上海自来水厂水塔
（1900 年左右）

杨树浦水厂水池

江西北路自来水桥 建于 20 世纪初

杨树浦水厂技术部

杨树浦水厂厂区内景

不装龙头者可嘱水夫担送，每担取钱十文"。[21] 市民的疑惑逐渐解开后，用户迅速扩大，营业收入不断上升。

杨树浦水厂

上海处在江南水乡，境内河流纵横，乘舟变成了主要的交通工具。陆上小路常见双手提扶的独轮小木车，木轮木架独轮两边木架上装货或坐人，后来有了马车运货，有钱人家用马车载客。1830 年英国利物浦至曼彻斯特的铁路建成，蒸汽火车的时代开始了，英国商人瞄准中国这个巨大的潜在市场，曾多次向清政府官方提出筑建铁路的计划，均被保守的清政府抵制。1872 年怡和洋行又改头换面组建了由英美合资的吴淞道路公司，以修马路为名，向上海道台沈秉成提出申请购买沿线土地。上海道台不明真相竟然准许，官府并贴出公告。实际上，吴淞道路公司在悄悄地筑建从虹口通往吴淞的吴淞铁路。

1874 年怡和洋行聘请英国土木工程师和电机工程师学会会员玛礼逊（G.L.Morrison）为吴淞铁路总工程师，吴淞道路公司公开打出筑建铁路的旗号，公司名称改为吴淞铁路有限公司。在铁路沿线施工中遭到当地农民的反对，农民认为施工中填平河沟有碍风水，破坏水流，鸣锣聚众与施工方评理。上海道台冯焌光也就英商擅自建造铁路向英方提出责问。后来，中英关于筑建吴淞铁路进行外交谈判，中英双方都坚持自己立场，毫无结果，但是铁路仍然在筑建。1876 年 7 月 1 日吴淞铁路举行试车典礼，7 月 3 日虹口至江湾段正式运营。就这样，在中国大地上铺设第一条铁路，出现第一列火车。蒸汽小火车时速 15 英里，这种新型交通工具将中国大地上原来的小舟、马车、人力车等传统交通工具都远远抛在后面，同年 12 月 1 日吴淞铁路 14.5 公里全线通车。

清政府出于国防安全考虑，坚决反对外商筑建铁路。清政府在南京与英国政府代表谈判，同年 12 月 24 日达成协议，吴淞铁路由中国政府以 28.5 万两白银赎还，赎款于一年内分 3 次付清，在赎款未付清之前，铁路照常营业。一年后，吴淞铁路赎款全部付清。[22] 由于朝廷不准继续办铁路，这条建成不足 16 个月的铁路被拆除了，铁轨和火车运往台湾，至今台湾博物馆还保存着当时

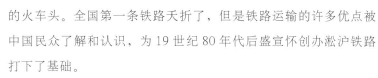

吴淞铁路通车典礼

1876年9月2日《伦敦新闻画报》关于中国第一条铁路吴淞铁路试车典礼的报导

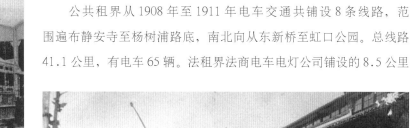

电车出厂

的火车头。全国第一条铁路夭折了，但是铁路运输的许多优点被中国民众了解和认识，为19世纪80年代后盛宣怀创办淞沪铁路打下了基础。

租界内的交通，初期主要是人力车和马车，1881年有轨电车在德国发明后，英商怡和洋行、美商亨脱曾先后向工部局提出兴办电车的计划。几经周折后，1907年10月1日，英商上海电车公司在苏州路2号成立，1908年1月31日在爱文义路（今北京西路）试车，3月5日从静安寺至英国总会（今广东路外滩）有轨电车线路正式通车营业。电车第一次出现在上海马路上，引起社会很大反响。《字林西报》报道："路上立着许多人，张大眼睛和嘴巴惊奇地看着电车。"这种"看不见蒸汽，又看不见机器，却能自动"的全新交通工具，许多市民误为"电车带电，乘着触电"，不敢乘电车，开始营业清淡。为此，电车公司雇人依窗向车外市民招手，沿途招揽市民免费试乘，还发放礼品，逐渐乘电车的人多起来了，过了几年才转亏为盈。

公共租界从1908年至1911年电车交通共铺设8条线路，范围遍布静安寺至杨树浦路底，南北向从东新桥至虹口公园。总线路41.1公里，有电车65辆。法租界法商电车电灯公司铺设的8.5公里

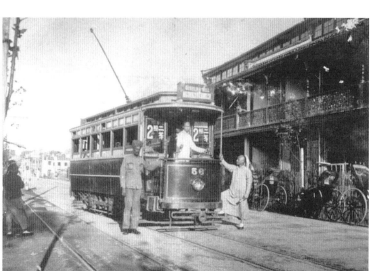

有轨电车

有轨电车 1908 年 7 月也全线通车，有电车 28 辆。电车成了上海廉价又便捷的交通工具，流动的电车成为上海近代城市的一道主要风景线。

铺设电车轨道

上海使用煤气路灯后，相隔 10 多年，1882 年 5 月出现了中国最早的电厂，并在沿外滩至虹口招商码头路边，架设 6.4 公里的电线，竖起电线木杆装上弧光灯。同年 6 月 1 日夜晚试灯，将黑夜照得通亮，经过调试后 7 月 26 日开始正式供电。上海出现电厂与 1875 年世界上第一个电厂——法国巴黎北火车站电厂仅相隔 7 年，可见当时新技术传播到上海时间很短。

外滩煤气灯路

中国最早的电厂建在南京路江西路口 31 号，南同孚洋行院子里的仓库里。英国人立德禄（Robert William Littie）与美国克里克兰市勃勒许电气公司签订协议，取得了在中国使用其设备的特权后，即将该公司的直流发电设备及照明系统引进上海，安装在租用的仓库里。当时电厂设备有 1 台 85 磅／平方英寸的卧式锅炉，1 台 16 马力（1.94 千瓦）的单缸整齐发电机，1 台直流发电机。[23]

电灯照明冲击着煤气灯照明，1 盏弧光灯的照明亮度可抵 4 盏煤气灯，虽然用电灯照明开始时比煤气灯费用大，但是随着电厂技术装备不断提高和扩容，用电的成本降下来后，电厂迅速发展起来，成为大都市不可缺少的公用事业之一。

## 外国资本利用特权霸占中国工业

外国资本利用资本和技术的优势，迅速在中国建立船舶修造业、原料加工业和城市公用事业的工厂企业后，利用租界的特权不断扩大工厂的门类和数量，然后垄断各个行业，阻碍中国本土工业的兴起和发展。

上海从 1843 年开埠至 1894 年，是外国资本工业进入上海的初期，新建工厂主要涉及船舶修造业、纺织业、缫丝业和城市的煤、水、电等公用事业。

这个时期上海外商新建工厂主要有：

船舶修造业：祥生船厂（英）　　1862 年

1 唐振常，《上海史》，上海人民出版社，1989 版，第 100 页

2 徐光启，《农政全书》，卷三十五，木棉

3 此处"花衣"是方言，指去籽的棉花。

4 刘吾惠，《上海近代史（上）》，华东师范大学出版社，1985 版，第 17 页

5 唐振常，《上海史》，上海人民出版社，1989 版，第 236 页

6 薛顺生，娄承浩，《老上海工业旧址遗迹》同济大学出版社，2004 版，第 96 页

7 黄苇，夏林根，《近代上海地区方志经济史料选辑》，上海人民出版社，1984 版，第 175 页

8 唐振常，《上海史》，上海人民出版社，1989 版，第 229 页

9 黄苇，夏林根，《近代上海地区方志经济史料选辑》，上海人民出版社，1984 版，第 2 页

10 唐振常，《上海史》，上海人民出版社，1989 版，第 68 页

11 黄苇、夏林根，《近代上海地区方志经济史料选辑》，上海人民出版社，1984 版，第 333 页

12 罗苏文，《上海传奇》，上海人民出版社，2004 版，第 267 页

13 王垂芳，《洋商史》，上海社会科学院出版社，2007 版，第 266 页

14 王垂芳，《洋商史》，上海社会科学院出版社，2007 版，第 267 页

15 王垂芳，《洋商史》，上海社会科学院出版社，2007 版，第 267 页

16 上海文史资料选辑，旧上海的外商与买办，上海人民出版社，1987 版，第 13 页

17 王垂芳，《洋商史》，上海社会科学院出版社，2007 版，第 268 页

18 王垂芳，《洋商史》，上海社会科学院出版社，2007 版，第 294 页

19 1 加仑 =4.546 升

20 黄苇、夏林根，《近代上海地区方志经济史料选辑》，上海人民出版社，1984 版，第 333 页

21 黄苇、夏林根，《近代上海地区方志经济史料选辑》，上海人民出版社，1984 版，第 333 页

22 罗苏文，《上海传奇》，上海人民出版社，2004 版，第 260 页

23 罗苏文，《上海传奇》，上海人民出版社，2004 版，第 163、246 页

|  |  |  |
|---|---|---|
|  | 耶松船厂（英） | 1862 年 |
|  | 旗记铁厂（美） | 1863 年（注 1） |
| 原料加工业： | 丰祥织洋棉纱线公司（美） | 1862 年（注 2） |
|  | 怡和洋行怡和纺织局缲丝厂（英） | 1861 年 |
|  | 旗昌丝厂（美） | 1878 年（注 3） |
|  | 怡和丝厂（英） | 1882 年 |
|  | 信昌丝厂（德） | 1894 年 |
| 公用事业： | 大英自来火公司（英） | 1864 年 |
|  | 上海自来水公司（英） | 1881 年 |
|  | 上海电光公司（英） | 1882 年（注 4） |

外商在上海新建工厂，虽然遭到中国政府某些政策和当地居民出资保护自身利益的抵制，但是抵制力量微弱，挡不住替代落后手工业生产方式的新型工业的发展势头。这个时期外国资本的工业往往是在与上海进出口贸易中衍生的，竞争的对手尚未出现。

1895 年甲午战争后，丧权辱国的《马关条约》规定："允许日本臣民在中国商埠投资设厂，所制物品免纳各项杂捐，并准在内地设栈寄存。"与此同时，西方列强各国也取得了相同的特权。1895 年后外国资本迅速向棉纺织、机器、制船、造纸、烟草、食品、制皂等行业投资兴建工厂。1895 年至 1914 年外国资本投资 2.91 亿美元，在上海开设资本在 10 万元以上的工厂 41 家，其中资本在 30 万元以上 18 家。

外国资本投资棉纺织工厂在甲午战争前屡遭清政府封杀，1895 年后政策解禁了，棉纺织业也成了投资设厂的重点。1895 年英商怡和洋行选择黄浦江边杨树浦，购地 70 亩，开设怡和纱厂，资本为 150 万两白银，购置纱锭 5 万枚。1897 年英商老公茂纱厂也在杨树浦选地建厂，投资 84 万元，职工 900 人。同年英商鸿源纱厂也开工，投资 109 万元，纱锭 4 万枚。英商协隆纱厂开工投资 104 万元，纱锭 1.5 万枚。1905 年日俄战争后，日本崭露头角成为英美商的劲敌。1908 年日商三井洋行投资 100 万两，成立上海纺织株式会社。1911 年 10 月内外棉三厂开工投产，拥有 20 万枚纱锭，1912 年又开设了内外棉

四厂，1914 年又开设内外棉五厂，沪西苏州河两岸许多地方都成了日商纺织厂车间。

1914 年 8 月，第一次世界大战爆发，英法德等国忙于战争，无力掌管和新建在上海的企业和工厂，日本趁机在上海大发展。1916 年日商上海纺织株式会社成立上海纺织三厂，1918 年又收购美商鸿源纱厂改为日华纺织一厂和二厂，同年内外棉会社收买华商裕源纱厂后改为内外棉九厂。

1918 年中国政府修正关税，原棉纱进口征税，改为按棉纱粗细复计征税。原在日本本土设棉纱厂然后将棉纱顺销中国市场的日商，为了免除进口税重征，纷纷在上海投资开场。1921 年开设的日商棉纺厂有：公大纱厂、日华纺织三厂、日华纺织四厂、内外棉十三厂、丰田纺织一厂、丰田纺织二厂、裕丰纱厂、东洋纺织一厂、东洋纺织二厂、同兴纺织一厂、同兴纺织二厂。1923 年开设的有：内外棉十四厂、内外棉十五厂、大康一厂、大康二厂。1924 年日商吞并华商宝成、华丰两厂，改名喜和一厂、喜和二厂，新建日华纺织八厂。1925 年日商收买英商老公茂纱厂，改名公大二厂。至 1925 年日商在上海的棉纺织厂达 32 家，纱锭 99.8 万枚，织机 5836 台；英商则有原来 5 家倒退为 4 家，纱锭 20.5 万枚，织机 2348 台，日商扩张势力大大超过原来占优势的英商。随着日商在上海棉纺织业的迅速扩张，形成了上海纺织、内外棉、日华、钟渊、丰田、大康、同兴、东华八大集团，垄断了整个中国纺织业。

英商最早进入上海设厂，1895 年《马关条约》以前英商在上海的投资额和开办工厂数，始终居首位，尤其在煤气、自来水、电厂等公用事业方面占绝对优势。《马关条约》后，英商迅速扩张业务投资建厂，在棉纺织行业敌不过后来赶上的日商，但是英商棉纱厂规模较大。除了棉纺织行业外，英商利用最早进入上海的优势，扩大原来的码头、船舶修造和公用事业的工厂规模。1920 年英商在上海黄浦江西岸的码头占 32%，仓库占 50.7%；在黄浦江浦东侧岸码头占 47%，仓库占 56%，位居首位。英商蓝烟囱轮船公司的码头为当时上海港规模最大、设备最先进的深水码头，可同时停靠万吨级远

怡和纱厂

怡和纱厂缫丝车间

老公茂纱厂及其纺纱、摇纱和引擎车间

杨树浦路同兴纱厂

洋船 4 艘，码头平台为钢筋混凝土结构，不设栈桥，铺设轨道吊车 3 台，还有与码头连成一起的四层钢筋混凝土仓库 2 座、单层仓库 9 座，库内设升降机，周围设防火设备。英商在《马关条约》后，祥生和耶松船厂合并，组建耶松船厂公司，增资至 557 万两，扩充规模和设备，拥有 6 个船坞、1 个机器制造厂，能修理 3000 吨以上的轮船，建造 1000 吨以上汽船，是英国在华投资工业的最大项目之一，在上海船舶修造业中占居首位长达 30 年。公用事业在 1895 年后纷纷改造扩建。英商自来火房对泥城浜老厂改造（今西藏中路北京路口），增添新水平炉，新建水煤气车间，在华德路（今长阳路）、邓脱路（今丹徒路）建造 1.4 万立方米螺旋式储气柜。1900 年大英自来火房正式改组为英商上海煤气股份有限公司（Shanghai Cas co.Lid），接着 1903 年和 1905 年在泥城桥分别建造 3.1 万立方米的一号储气柜。

英商在上海涉及的行业很广，几乎无所不包。1907 年英商亚细亚火油公司在上海成立，自行进口壳牌火油，设立高桥、凌家木桥、西渡三大油库，杨树浦和复兴岛转运站，5 个储油栈，1 个洋烛厂和 50 多处加油站，并在中国 20 余省设立 51 个分公司，管理 500 个经

蓝烟囱货仓码头

销机构，最兴盛时期在华雇佣员工六七千人。英商亚细亚与美商的美孚、德士古公司共同垄断中国的石油市场。英商卜内门公司垄断烧碱、纯碱、肥田粉、颜料、拷胶、墨灰等化工产品生产。食品粮食加工也是英商投资的行业，1896年英商在上海开设增裕面粉厂，进口机器将小麦制造成面粉。

第一次世界大战以前，英商在上海占绝对优势，其对华企业投资一半即2.61亿美元集中在上海，约占上海全部外资的90%。第一次世界大战结束后，英商的势力迅速回到上海，从1920-1936年投资各行各业新开设企业73家。英商在上海形成进出口贸易、航运、

亚细亚火油公司大楼

亚细亚石油公司的职员

汽车公司的加油站

金利源码头

船舶修造、纺织、化工、石油、金融、房地产和煤气、自来水十大企业；沙逊、怡和、太古、卜内门四大集团，操纵和垄断了上海及至中国的工业和经济。

美商在上海的投资次于英商，早在上海开埠初期，美商旗昌洋行就投资远洋航运，"蜂鸟"号往返于印度加尔各答与中国港口。至 1850 年开进上海的 218 艘外国商船中，属于美商的有 64 艘。1861 年美商利用美租界虹口的特权，建造了旗昌轮船码头，1862 年租用法租界十六铺地皮建造金利源码头，长 300 英尺（91.50 米），码头与仓储捆绑在一起，金利源码头仓栈当时规定，凡是委托旗昌轮船公司装运的货物，十日之内，不计栈租，六月之内，保险无虞。后来，随着轮船业务发展，旗昌的金方东码头专供北洋航线轮船使用，金利源码头作为长江航线的专用码头。

第一次世界大战前后，美商在上海投资领域进一步扩大，石油、卷烟、食品、制药、化工、电器、制革等行业的工厂纷纷开设。烟草工业是美商投资上海的重点，在上海最早开办卷烟厂，后来日商、土耳其商也开设卷烟厂。19 世纪末，美国杜克烟草公司与 4 家烟厂联合组建美国烟草总公司，控制美国卷烟生产打入英国市场，引起英美激烈竞争，为了避免两败俱伤，双方达成协议互不倾销卷烟，联合组建英美烟草公司，美方占资本 2/3。1902 年 9 月英美烟草公司（British American Tobacco co.ltd）在上海设立分公司，在浦东陆家嘴建造拥有 2500 人的卷烟厂，收购日商村井烟厂，并吞美商茂生烟厂，凭借着资金和技术优势迅猛发展。原来中国政府规定卷烟开征 5% 税，英美驻华公使极力反对，清政府 1904 年 12 月只得同意卷烟按烟丝标准征税 0.3%~0.7%。1923 年中国政府重新开征 20% 卷烟特税，在英美的外交压力和炮舰的威胁下，北洋政府只得同意取消卷烟特税，仅收 5% 保护税。英美烟草公司利用特权，始终垄断中国的烟草行业，获取了大量的金钱。

电力行业原始英商领先，1893 年由工部局电器处接管，后来在乍浦路建立中央电站，又在斐伦路（今九江路）建造新电厂，但是仍然不能满足电力需求量。1908 年工部局在杨树浦购地 39 亩，1911

年11月在此开工建造杨树浦发电厂。厂房为钢结构，安装2台2000千瓦汽轮发电机，4台22000磅拔柏葛链条炉排锅炉，气压200磅。1913年1月13日正式发电，1923年又扩建，当时总发电容量为12.1万千瓦。1927年汉口和九江的英租界被中国政府收回，上海公共租界工部局担心会波及上海，电厂产业被丧失，便决定出售工部局电气处。1929年8月美商以8100万银两中标，同年组成美商上海电力公司（Shanghai Electric co.ltd），垄断公共租界以及租界外由工部局供电区域，引起了社会各界的不满。上海市政府为此停止美商上海电力公司在沪西越界筑路地区进行已经和修理的业务，特授予闸北和南市电力公司在沪西的电力经营权。但是因沪西公司无发电设备，仍须向美商上海电力公司购电，美商实际上仍然控制着沪西地区的供电。

香烟广告

杨树浦发电厂一角

　　法国不甘心于英美在上海的势力扩张，尽管1885年7月11日新《土地章程》在租地人会议上通过，英、美、法租界统一起来管理行政，成立公共租界工部局。法租界当局仍然独自为政，自行筹集公用事业工程经费，设置巡捕房，成立公董局，征收税金等。法商的势力远远不及英美，主要在法租界内开办码头、仓库、公用事业和船舶修造。1865年法国轮船公司利用法租界洋泾浜至新开河沿江岸线，建造当时上海最大的轮船码头，全长1649.11英尺（502.6米），耗资2.27万余两白银。1894年法租界公董局中断了英商上海自来水

杨树浦发电厂全景图

杨树浦电厂的建筑物

公司在法租界供水专营权，一面以逐月签订方式维持供水，另一面在董家渡筹建水厂。最初清政府不同意，法租界当局强行占据基地，与上海道台几经交涉，迫使上海道台同意铺设水管穿越华界老城厢。随着法租界越界筑路向西扩展，法商电车电灯公司1908年接办法租界供水业务，扩大董家渡水厂规模和供水能力。1911年又在卢家湾（今重庆南路）建造二号水塔，容量750立方米。1923年又在西爱威斯路（今永嘉路）建造三号水塔，容量1000立方米，1933年又在顾家宅公园（今复兴公园）建造总容量为4.2万立方米蓄水池。

法租界供电最初由英商供煤气路灯，后来法租界决定自办电厂，厂址选择在洋泾浜带沟桥南首，电厂规模不大。法商电车电灯公司成立后，在卢家湾购地22.17亩开始建造电厂。1911年2月安装锅炉4台，直流发电机组5台，交流发电机组1台，总容量1500千瓦，以后不断扩展，1927年装机容量扩大为1.04万千瓦。

法租界的电车也是自办的，法商电车电灯公司1906年在卢家湾设立总管理处，10月1日起铺设从十六铺至徐家汇，徐家汇至卢家湾，十六铺至斜桥的有轨电车线路，进口英国制造的有轨电车28辆。

## 洋务派官僚资本工业的形成

　　19 世纪 60 年代起，中国社会面临着外国列强倚仗炮舰的威势，外国商人霸占中国商业和工业，中国传统的农村经济和手工业经济迅速崩溃的局势。在清政府朝廷里开始形成主张"自强求富"，兴

法国电车与水务公司

上海法商电车电灯公司租赁的董家渡水厂

1 旗记铁厂 1865 年李鸿章买下，后来以此为基础成立江南制造局

2 中洋织洋棉纱线公司建厂了久被清政府取缔

3 旗昌丝厂 1891 年改为法商宝昌丝厂

4 上海电光公司 1888 年改为新申电气公司，1893 年改组后归工部局电气处

5《上海对外经济贸易志》，上海社会科学院出版社，1989版，第 58 页

6 熊月之，《老上海名人名事名物大观》，上海人民出版社，1997 版，第 441 页

7 汤志钧，《近代上海大事记》，上海辞书出版社，1989 版，第 508 页

8 汤志钧，《近代上海大事记》，上海辞书出版社，1989 版，第 509 页

9 徐新吾、黄汉民，《上海近代工业史》，上海社会科学院出版社，1998 版，第 313 页

10 王垂芳，《洋商史》，上海社会科学院出版社，2007 版，第 179 页

11《上海文史资料选辑第五十六辑》，旧上海的外商与买办，上海人民出版社，1987版，第 54 页

12 刘惠吾，《上海近代史》(下)，华东师范大学出版社，1987 版，第 13、151 页

13 王垂芳，《洋商史》，上海社会科学院出版社，2007 版，第 109 页

14 王垂芳，《洋商史》，上海社会科学院出版社，2007 版，第 276 页

15 王垂芳，《洋商史》，上海社会科学院出版社，2007 版，第 305 页

16《上海租界志》，上海社会科学院出版社，2001 版，第 396 页

办洋务事业的势力。

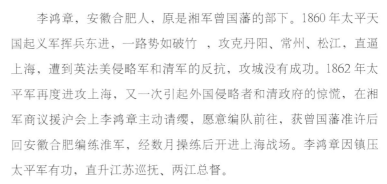

李鸿章

李鸿章，安徽合肥人，原是湘军曾国藩的部下。1860 年太平天国起义军挥兵东进，一路势如破竹，攻克丹阳、常州、松江，直逼上海，遭到英法美侵略军和清军的反抗，攻城没有成功。1862 年太平军再度进攻上海，又一次引起外国侵略者和清政府的惊慌，在湘军商议援沪会上李鸿章主动请缨，愿意编队前往，获曾国藩准许后回安徽合肥编练淮军，经数月操练后开进上海战场。李鸿章因镇压太平军有功，直升江苏巡抚、两江总督。

当 1863 年美英法三国 23 家洋行联合提出建造上海至苏州铁路的计划时，李鸿章即预感到有阴谋，向朝廷上奏力陈其害，上书说："三国同生请造，必有为之谋者，未必尽出商人。"[1] 李鸿章极力反对外国人建造铁路，是考虑到中国边疆的军事战略。1874 年在朝廷商议海防时，李鸿章说："火车铁路，屯兵于旁，闻警驰援，可以一日千数百里，则统帅当不至于误事。"[2]1876 年英商在英国领事的庇护下悄悄地建成吴淞铁路，李鸿章闻讯后表示："务在保我中国自主之权，期于中国有益，而便洋商也不致损。"[3] 同年 10 月中英在南京就吴淞铁路问题进行会谈，盛宣怀代表中国政府说："中国地方外人未便擅造铁路，通融给价已属格外体恤，尚再生枝节，则曲不在中国而在西洋。"[4] 在中国政府严正立场下，吴淞铁路由中国政府买断收回主权。吴淞铁路后来虽然拆除了，但是当 1881 年 6 月 9 日开工，由中国人自己新建的第一条铁路（唐山至胥各庄）通车时，李鸿章亲自登上火车，并与众幕僚合影，他的强国之梦终于又迈开了一大步。

吴淞铁路拆除后 20 年，1896 年 11 月李鸿章手下的幕僚盛宣怀

李鸿章出席铁路通车仪式

1891 年李鸿章出席中第一条专线铁路

向朝廷呈上的奏折获准后，1897 年 1 月 6 日在上海成立中国铁路总公司，1989 年 9 月利用原吴淞铁路走向和一部分路基，自闸北东华路至吴淞炮台湾，全长 16.09 公里的淞沪铁路通车。中国铁路总公司在盛宣怀主持下，十年内还兴建了卢汉铁路（卢沟桥至汉口）、正太铁路（正定至太原）、广三铁路（广州至三水）、株萍铁路（株洲至萍乡）、道清铁路（道口至清北）、汴洛铁路（开封至洛阳）和沪宁铁路（上海至南京），对国计民生产生了巨大影响。

曾国藩

江南制造总局是曾国藩、李鸿章等洋务派感受到外国列强坚船利炮的威胁，决心仿造西洋创建军事工业的典型事例。清朝重臣曾国藩在安庆设军械所，招聘"寿材奇能"的徐寿等人专门研究制造洋船洋炮。徐寿用手工制成中国第一台蒸汽发动机，后来又制成木壳小火轮和木壳轮船。1863 年曾国藩又派容闳携款赴美国购置机器。1865 年李鸿章指使上海道台丁日昌买下设在虹口的美商旗记铁厂和两个旧炮局，并合在一起成立江南制造总局。1867 年李鸿章嫌在美国人租界生产军火不安全，虹口房租又贵，场地狭窄不变发展，于是选择在紧靠黄浦江边的高昌庙，购地 70 余亩，建造江南制造总局新厂房。至 1870 年建成机器厂、洋枪楼、锅炉厂、木工厂、铸铜厂、熟铁厂、轮船长、炮厂和船坞、煤栈、仓库等。

第一船坞

徐寿 1867 年携子徐建寅到上海参加江南制造总局筹建工作。徐寿早年在上海墨海书馆接触过西学，到江南制造总局第一年就创办了翻译馆，译员最多时达 59 人，其中外国学者 9 人，中国学者 50 人。徐寿除了设计造船外，还翻译 16 部书籍，其中化学方面 6 部，工艺方面 4 部，其他方面 6 部，《化学鉴原》、《化学考质》、《化学求教》

第二号船坞抽水间

江南制造总局炮厂机器房

徐寿

在江南制造局的翻译馆内,左
起徐建寅、华蘅芳、徐寿

江南制造局翻译馆

都具有开创意义。[5]

　　在李鸿章等洋务派官员的主持和徐寿等知识分子的努力下,江南制造总局不断发展壮大,1872 年在龙华又设立黑色火药厂。至 1893 年江南制造总局在高昌庙有占地 400 亩厂区,在龙华有占地 270 亩火药厂、枪支厂,两地加起来近 700 亩,成为清政府最早、最大的军事工厂。从 1867 年至 1894 年,共生产各种枪支 51285 支,

沪宁铁路办公楼

各式大炮 585 尊，水雷 563 具，炮弹 1201894 个。江南制造总局创办之初，忙于制造枪炮，1868 年才开始造船。同年 8 月 18 日中国人自己制造的"恬吉"号（寓意回海波恬，厂务安吉），大顺兵船下水，船长 185 尺，宽 27.2 尺，马力 392 匹，载重 600 吨，顺水时速 120 余里，逆水时速 70 余里。[6]1876 年江南制造总局又制造铁甲兵船"金瓯"号，虽然载重为 300 吨，但是它是从木壳船体向铁质船体转变的标志。1910 年至 1918 年江南造船所共建造各种船舶 200 多艘，计 6 万余吨，超过了当时英商耶松船厂，打破了外商船厂长期霸占上海船舶业的局面。江南制造总局机械加工设备大部分由自己制造，1867 年至 1871 年共生产车、刨床 245 台，开创了我国机械工业生产的先例。

江南造船厂

江南制造总局学习外国的先进技术，引进吸收技术人才，创造了许多的中国第一，如 1874 年制造出第一批黑色火药，1881 年造出铁雷，还有第一炉钢、第一艘轮船……1904 年工人和管理人员共达 3592 人，大批农村的农民在这个中国近代工业的摇篮里，孕育成为中国第一代产业工人。

轮船招商局是李鸿章等洋务派从强兵到富国，打破外商垄断，不断摸索经营模式办好企业的典型事例。19 世纪下半夜，五口通商后，外国资本利用特权，利用先进设施垄断了中国的航运业。上海传统的沙船业收到了巨大的威胁，上海几十个沙船业主联名上书，请求官府颁文晓谕洋商，上海米石、豆石生意由中国沙船专运，外轮不得从事。时任北洋通商大臣李鸿章接到呈文后正合心意大加赞同，随即通知各领事馆，以此为定章。1872 年 4 月当李鸿章的亲信幕僚盛宣怀自沪返津向他禀报公务时，李鸿章正在为漕运（朝廷用粮运输）问题发愁，盛宣怀进言："洋商远涉重洋，独特其洋船快捷，来与我国沙船争利，我国为何不引进轮船，与其一争高低。"顿时打开了李鸿章的思路，当即布置盛宣怀起草办轮船局的章程。[7]

盛宣怀，江苏常州人，自幼聪明过人，因盛宣怀的父亲和李鸿章有交情，加入李营后任文案兼营务处会办。自上海开埠通商后，盛宣怀多次往来天津与上海，感受到西洋机器的魅力，逐渐滋生起

1872 年 3 月盛宣怀向李鸿章上
瑜轮船章程稿

盛宣怀

盛宣怀的电报

沙船

轮船招商局文档

济世救国的思想。盛宣怀在生意上朋友的指点下，拟了"上李傅相轮船章程"。同治十一年（1872 年）同治皇帝批准了李鸿章奏呈的"试办轮船招商局揩"，准许轮船招商局分运明年江浙漕米 20 万石。接着，李鸿章委任朱其昂督办航局。

朱其昂，江苏宝山人，以经营沙船为事业的淞沪巨商，还是浙江海运局委员专管沙船运输漕粮事宜。朱其昂向李鸿章承诺"愿以身价作抵"创办招商局。1873 年 1 月 17 日朱其昌选址上海洋泾浜南侧永安街一所宅院，正式宣布轮船招商局成立。当时上海各大报刊纷纷作了报导，《申报》说："五口通商之后，外国轮船纷至，因其容量宏大，速率高超，运行便捷，旧式沙船实属望尘莫及。一般商人，嫌趋之若鹜，中国沙船业日渐萎缩。潮流如斯，势难阻遏。轮船招商局之设，诚中国航运之新希望。"[8]

朱其昂为创办轮船招商局募集股金遇到了困难，李鸿章邀请怡和洋行总买办唐廷枢和大茶商徐润加入轮船招商局。同治十二年（1873 年）六月，李鸿章正式委任唐廷枢为总办，徐润、盛宣怀、朱其昂和朱其诏为会办。永安街地段偏僻，交通不方便，唐廷枢另选三马路（今汉口路）怡盛洋行楼房作为新址，同治十二年（1873 年）

轮船招商局写字楼

八月在新址正式开张办公。唐廷枢上任后通过商界朋友募集资金 100 万银两，其中官府借款 13 万银两。业务由承运漕粮改为兼揽客货，开辟长江航线。招商局打破了外国轮船公司在中国沿海沿江等通商口岸独占鳌头的局面，遭到了美商旗昌轮船公司、英商太古轮船公司的打压，企图以削价竞争搞垮招商局。李鸿章以调拨 35 万银两替补招商局现金短缺和将运漕粮提高到五成的对策，在广帮、徽帮、浙帮等众客商的大力支持下，招商局稳定了货源、增添了船只、增加运力，一下子壮大了规模，拥有江海大轮 11 艘（美商旗昌轮船公司 17 艘、英国太古轮船公司 8 艘、英国怡和洋行 6 艘、禅臣洋行 5 艘、得忌利洋行 4 艘），[9] 在中外航运公司中居第二位。为了维修船只，1874 年招商局在虹口自行设立船厂，名为同茂，自己制造船用锅炉和螺旋桨推进器等。

徐润

美商旗昌轮船公司在削价竞争中力不从心，利润狂泻连年亏损。公司出现资金短缺，轮船设备无法维修更新的衰落局面。美国老板不愿以再冒险下去，只得出售产业宣告歇业。徐润和唐廷枢抓住时机先斩后奏，以 222 万银两收购旗昌公司原开价的 250 至 260 万银两的全部资产。1876 年 3 月 1 日轮船招商局正式接管旗昌公司。招商局一夜之间轮船增至 29 艘，总吨位 30526 吨，金利源、金方东、金永盛 3 处码头连成一线，规模空前，资产达 396 余万银两。[10] 仅仅创业三、四年取得如此辉煌业绩，收到社会各界的称赞。李鸿章听取详细汇报后，盛赞收购旗昌之举，"为收回利权大计，于国计商清两有裨助"。

唐廷枢

光绪十一年（1885 年）招商局历经十余年后，李鸿章任命盛宣怀为督办，执掌招商局大权。盛宣怀向李鸿章呈文提出振兴招商局大计，文中说："轮船招商局，非商办不能谋其利，非官督不能防其弊。"在李鸿章的大力支持下，盛宣怀极力推行"官督民办"的路线，经过大刀阔斧的改制，招商局走上了一条全新道路。盛宣怀创办关栈[11]，兴办内河轮船公司，在各地设分局，延长航线。盛宣怀上任五年后，招商局还清了全部所借官款，只剩下部分洋债，自办资本比例大大提高，至光绪十九年（1893 年）招商局固定资产总值

清末招商局船只图

轮船招商局大楼

380 万两，加上保险公司 121 万两，资产总值 502 万两，为招商局股金的 2 倍多。

外滩 9 号，原是美商旗昌轮船公司的产业，招商局收购旗昌公司全部产业包括外滩旗昌公司房地产。1891 年旗昌公司清理资产结束，外滩的房地产 9 号正式归招商局所有。当时招商局正处在兴盛时期，创办电报局、上海机器织布局；接办汉阳铁厂、大冶铁矿、萍乡煤矿；筹办南洋公学、中国通商银行，办公用房不敷使用。于是，决定在旗昌公司后花园盖一幢三层楼写字楼。特请当时知名的马礼逊洋行设计，三层砖木结构，建筑外观仿文艺复兴式。朝外滩的东立面以正大门为中轴线，两侧里面对称；底层中央正门设门套，两侧为罗马拱券落地窗；二、三层里面设内阳台由西式柱支撑；底层、每层腰线和立柱用水泥粉饰外，其余均为清水红砖墙。1901 年竣工后，招商局迁入办公，这是招商局第三次乔迁的新址，鼎盛时期有 200 多人在这里办公。[12]

《马关条约》以前，清政府一直反对外国资本开办棉纺织厂同时，洋务派官员不断主张"洋布自织"。1874 年李鸿章说："英国呢布运至中国，每岁售银三千余万，对于中国女织匠作之利，妨夺不少，曷若亦设机器自为制造"[13]。1876 年李鸿章曾委派他的世交魏纶先到上海筹办机器织布事宜，由于招股不成便告吹了。1878 年四川候补道台彭汝琮禀报南北洋大臣，提出仿照轮船招商局官督商办的办法，

上海机器织布局

设立上海机器织布局，招股集资50万银两的设想，正合李鸿章的心意。没多久，时任北洋大臣李鸿章会同南洋大臣沈葆桢批准了这个计划。

聂缉椝

1879年彭汝琮选择虹口下海浦的潘源昌和记栈房作为局址，计有地皮70余亩、房屋10余幢。因招股集资棘手，彭汝琮办事不力，遭到李鸿章斥责。李鸿章另派郑观应等人筹建，在上海当地买办的郑观应人际关系熟悉，业务熟悉，筹建工作顺利开展。当筹建工作有眉目时，1880年李鸿章特向朝廷上奏《试办机器织布局以扩利源而敌洋商》折，提出"十年以内，只准许华商附设搭办，不准另行设局"，布匹如在上海零售，应照中西通例，免完税厘，如运销内地，应照洋布花色，均在上海新关完一正税，其余内地沿途税厘，一概免除的保护政策。[14] 郑观应上任后，想大展宏图，认为虹口下海浦建局不理想，改选黄浦江杨树浦沿江地皮。郑观应认为有三大优势：1. 地沿江滨，装卸货物方便。2. 不在租界，不需向工部局纳捐。3. 地面宽阔，又近马路。1883年正当订购的机器陆续运到分批安装时，上海发生金融危机，外国在华银行停止短期信用贷款，上海机器织布局招股份中14万两不能兑现，资金中断顿时使筹建工作陷入停顿。

上海机器织布局筹建工作经历了十多年的风风雨雨，最后由总办杨宗翰调用地方军费10万银两，才于1891年完工，次年终于正式投产。这是中国第一家中国人自办的棉纺织厂，拥有3.5万枚纱锭、530台布机、5台立式大汽炉。李鸿章梦寐以求的中国纺织工业的宏图终于成为现实。他很高兴地致电中国驻英使臣，表示要购置新式纺织机器，进一步扩建厂房。

上海机器织布局第一年投产，产布18万匹，当年除去开支盈利20%。但是好事多磨，没多久，1893年10月19日织布局清花车间突然起火，将一座刚建成不久的工厂焚毁了。李鸿章调盛宣怀从天津来沪，会同上海道台聂缉椝处理火灾后的善后工作。一年之后工厂复建竣工，1894年9月开车投产。复建后的纺织厂规模比原来更大，有纱锭6.4万枚，布机750台。根据李鸿章的指示，厂名改为"华盛纺织总厂"，意寓中华纺织工业一定要强盛。

1 罗苏文，上海传奇，上人民出版社，2004版，第237页

2 宋露霞，李鸿章家族，重庆出版社，2005版，第74页

3 罗苏文，上海传奇，上人民出版社，2004版，第245页

4 罗苏文，上海传奇，上人民出版社，2004版，第246页

5 熊月之，上海一座现代化都市的编年史，上海书店出版社，2007版，第143页

6 唐振常，上海史，上海人民出版社，1989版，第258、260页

7 曹凯风，轮船招商局——官办民营企业的发端，西南财经大学出版社，2002版，第16页

8 曹凯风，轮船招商局——官办民营企业的发端，西南财经大学出版社，2002版，第24页

9 曹凯风，轮船招商局——官办民营企业的发端，西南财经大学出版社，2002版，第55页

10 曹凯风，轮船招商局——官办民营企业的发端，西南财经大学出版社，2002版，第68\106页

缫丝厂

## 民族资本工业在夹缝中求生

19世纪60年代, 正当外国资本工业拼命地向中国渗透扩张, 清政府洋务派官僚资本工业自强奋起的时候, 我国民族资本工业在"两虎相斗"的夹缝中悄悄地产生并发展。

最早的民族资本工业是手工业小作坊, 如清咸丰十一年 (1861年) 上海老妙香室粉局开设在昼锦里 (今汉口路山西路), 采用先店后工厂的形式, 生产经营香粉、花露水、头油等化妆品。这种传统家庭作坊演变的手工业, 以老字号著称。[1]

打铁铺也是中国传统手工业作坊, 清同治五年 (1866年) 打铁匠出身的广东人方举赞与同乡孙英德出资300元, 在虹口外虹桥 (今东大名路旅顺路) 创办"发昌号", 开始工人4至5人, 后来发展到30多人, 从事冷作、翻砂、锻造和切割加工, 至19世纪80年代初这家冷作坊发展为发昌机器厂, 成为国内第一家民办船厂, 制造排水量为115吨的"淮庆号"火轮。[2]

缫丝厂当时市场需求量大, 利润又高, 而投入成本低, 于是我国民族资本的缫丝厂纷纷地开设起来。清光绪七年 (1881年) 华商黄佐卿在苏州河北岸开设上海华商第一家缫丝厂——公和永缫丝厂, 筹银10万两向法国订购缫丝车100部及锅炉、引擎、吸水器等设备。经过十余年的奋斗, 清光绪十八年 (1892年) 该厂已有缫丝车380部, 资本达30万银两, 职工达1000余人。[3]

我国民族资本工业最初形成的原因是:

(1) 在外国资本工业猛烈冲击下, 我国封建主义自然经济迅速瓦解, 原来的手工业小作坊为了求生存发展, 购置西洋的洋机器, 演变为近代工厂。

(2) 一部分商人、地主和官僚买办受到或接受西方文化的影响后, 开设投资工业办厂。

(3) 民族资本工业"以小"为赖以生存的条件, 资本小、规模小, 承接外国资本工业不愿意干的"小生活"。

从总体上来说, 我国民族资本工业要比外国资本工业在我国进入的时间晚 20 年。

1894 年中日甲午战争前，我国民族资本工业是初期形成时期。据有关资料统计，1882 年船舶机器修造厂有 7 家[4]，1894 年缫丝厂有 8 家，投资总额达 286 万余元[5]，其他还有造纸、火柴、印刷等工厂，总计 50 多家，资本在银元 1 万元以上的有 31 家[6]。

碾米厂车间

上海早期民族资本开设的主要工厂：

1863 年，洪盛来号购置机器碾米，后来发展成为我国民族资本最早的碾米厂。

1866 年，广东人方举赞与孙英德集资，创办发昌机器厂，是国内第一家民办船厂。

1881 年，丝商黄佐卿开设公合永缫丝厂，是上海第一家华商缫丝厂。

1882 年，裕泰恒火轮面局开业，是我国民族资本第一家机器磨坊。

1882 年，广东人曹子摅、曹子俊、郑观应集资白银 15 万两，在杨树浦建造上海机器造纸局，1884 年 12 月生产第一批纸张，是我国最早的机器造纸厂。

1882 年上海机器造纸局

1882 年，宁波人董秋根在虹口创办永昌机器厂，开始修理船舶，后来仿制市场紧缺的缫丝机。

1890 年，商人叶澄衷开设燮昌自来火公司，同年 8 月 16 日正式投产生产火柴供应市场，是我国民族资本开设的第一家火柴厂。

1890 年，顾光裕集资在川洪浜（今海宁路）创办顺昌翻砂厂，是我国最早的专业翻砂厂。

1895 年中日甲午战争后，中国作为战败国与日本签订了丧权辱国的《马关条约》，外国资本为在华取得设厂的权利，各国列强争相抢占租借地，划分势力范围，一时掀起了"设厂热潮"。

在严重的民族危机的形势下，中国资产阶级改良派康有为、梁启超等人掀起了维新自强运动，在维新运动蓬勃开展的同时，上海各界人民掀起了反帝反封建的浪潮，一批爱国的商人和知识分子为了抵制外货，满足广大市民买国货的需要，纷纷开设工厂。20 世纪初，清政府在"实业救国"的社会舆论声中，提出了一些"新政"措施，奖励工商实业，一时振兴实业的风气扬起。1912 年 1 月，中华民国政府成立后颁布了一系列有利于民族资本经济发展的政策法令，进一步推动了民族资本工商业的发展。

1895 年至 1914 年第一次世界大战爆发前，是我国民族资本工业成长时期。据不完全资料统计，从 1895 年至 1911 年上海新开设民族资本工厂 86 家，这些工厂主要分布在棉纺织、面粉、卷烟、食品、制革、榨油等部门，其中棉纺织业和面粉业的发展较为突出[7]，小火轮制造业务当时也兴盛一时，先后开设船舶修理厂和内河船舶修造厂 15 家[8]。

这个时期，民族资本工业发展具有鲜明的时代特征：

（1）民族工业发展与全民的反帝爱国运动紧密地结合在一起，抵制外贸提倡国货爱国运动，促进了民族资本工业的发展。

（2）办工厂人的文化知识技术才能有了很大提高，一部分工厂主是学徒出身，他们在外国洋行或工厂里刻苦学习，吸取了西方先进的技术知识后，自立门户开设工厂，还有一部分是接受高等教育的知识分子，他们在维新自强运动的影响下，走实业救国的道路。

（3）民族资本工业在资本投资和规模上有了很大发展，资产阶级也逐渐成长起来。祝大椿、曾铸、叶澄衷、朱志尧等人资本都在 200 万元以上，严信厚的资本总额 1911 年达 800 万元，资产阶级势力开始渗透到社会活动舞台。[9]

1895 年至 1914 年期间上海民族资本工业开设的主要工厂：

1895 年，华商裕晋纱厂开工，纱锭 1.5 万枚。

1896 年，吴秀英创办云章袜衫厂，资本 5 万银两，是中国第一家针织厂。1912 年改名为景纶衫袜纺织厂。

1898 年，孙多森、孙多鑫兄弟俩创办阜丰面粉厂，为上海第一家面粉厂，整套机器设备以 2.2 万美金从美国购得。

1902 年，严裕棠与诸小毛合伙在杨树浦太和街梅家弄创办大隆机器厂，资本 7500 银两。1906 年起严裕棠独资经营，修理外轮机件、缫丝机、榨油机、轧花机等。

1904 年，朱志尧做了 10 年招商局轮船买办后，积累了经营的经验和资金，于是筹资 4 万元白银，在南黄埔租地 70 余亩，开设求新机器轮船制造厂，设造船、内燃机、锅炉制造、铸铁等部门，第一次世界大战前夕生产 3000 吨级货轮。

1904 年，张謇兄弟俩联络南通、扬州等地绅商在上海建立大达轮埠公司，开辟上海至如皋、泰州、扬州等地的内河航线。

1904 年，荷兰银行买办虞洽卿集资 28 万元创办宁绍轮船公司，

阜丰面粉厂

求新造船厂

公益纱厂摇纱车间

朱志尧

求新造船厂创始人朱志尧（左二）

祝兰舫的公益纱厂

往返沪甬之间。

1907年，张謇等人在南通创办大生纱厂后，又在上海崇明创办大生二厂，资本80万银两，纱锭2.6万枚。

1910年，祝大椿创办公益纱厂，有纱锭2.5万枚，纺织机300台。1912年，叶鸿英、苏筠尚在老西门黄家阙路创办荣大染织厂，生产爱国布，为上海第一家色织厂。

1913年，陈见三与东来纺织五金号合伙，创办大来纱管厂，为上海第一家纺织器材厂。

1913年，无锡茂新面粉厂老板荣宗敬、荣德生兄弟俩在上海创办福新第一面粉厂。

这个时期，上海民族资本工业的代表人物：

朱葆三，浙江黄岩人。14岁那年，其父患重病卧床不起，家境陷入贫困，为解决生计，朱葆三跟着同乡到上海"协记"五金店当学徒。朱葆三勤快、好学，17岁那年账房去世后老板就启用他，担任账房和营业部主任。三年后"协记"经理去世，20岁的他荣升为经理。后来"协记"老伴去世了，"协记"只得歇业。朱葆三1878年自己在上海新开河租了店铺，开设"慎裕"五金号，由于他是这个行当的里手，新店很快发展起来了，后来在叶澄衷的帮助下，朱葆三将五金号搬入福州路叶氏产业的13号大楼。朱葆三早在19世纪末，就将五金销售赚到的钱投资金融、保险，很快成为上海滩商界的巨子。20世纪初，上海商务总会成立，朱葆三当选为协理。他在商界取得成功后，又投资办厂，1905年投资大有榨油厂、同利机器纺织麻袋公司、大达轮船公司、华兴水火保险公司；1909 年投资宁绍轮船公司、华安合群保险公司。1911 年上海革命党人在辛亥革命的影响下，起义后成立沪军都督府，各界人士推举朱葆三为财政总长。

朱葆三

叶澄衷，浙江镇海人。他比朱葆三年长 3 岁，出身在贫苦的农民家庭。14 岁时经相亲介绍在上海一家杂货店当学徒，后来在虹口开设"老顺记"杂货店，专售洋货杂物，由于他学会一些洋泾浜英语，在生意上与外国人接触多起来了。当时美商美孚石油公司正在广泛推销美孚火油，老顺记也作为代理商，很快狭小门店不敷使用，叶澄衷选择门店接连开设新顺记、南顺记、义昌顺记、可炽顺记等店铺。随着生意旺火，实力增强，叶澄衷代理美孚火油扩大到汉口、九江、芜湖、镇江、天津、营口、宁波、烟台、温州等城市和各地农村，仅不到十年，叶澄衷已成为上海滩巨商。在民族工业兴起的形势下，1890 年叶澄衷在上海创办燮昌火柴公司，资本额为 20 万银元，雇佣工人达 800 人，每日生产火柴达 30 余万盒，产量占当时上海火柴总产量的三分之一以上。1894 年叶澄衷又开设纶华丝厂，资本额 10 万两白银，雇佣工人 100 多人。

叶澄衷

张謇，江苏南通人。他 41 岁那年参加科举考试竟然中了"头名状元"，但是他不醉心于功名利禄，追求的是民族富强。19 世纪末，日本商人到盛产优质棉花的南通采购原棉，然后高价卖出纺纱成品。张謇于是决心在家乡办中国人自己的纱厂。在两江总督兼南洋大臣张之洞的大力支持下，1899 年 5 月 23 日南通大生纱厂经过几年的艰苦努力终于投产了，当天产出纱锭 6000 锭。1907 年他在毗邻家乡的崇明开设大生纱厂二厂。

第一次世界大战爆发后，西方列强把中心转向军事工业和打仗，松缓了对中国的侵略。外国商品进口由于打仗运输受阻，数量大幅度下降，以致市场商品紧缺，这样给中国的民族资本工业一个难得的发展机遇。自大战开始直至大战结束的头几年中，上海民族资本新设工厂的增长势头比大战以前更为明显，每年开办资本在 1 万元以上的新竣工厂家有二三十家，最多的 1921 年达 43 家。[10]

由于 1919 年的五四运动和 1925 年上海发生的五卅惨案，全国

张謇

抵制日货、抵制英货运动如火如荼，我国民族资本工业在全国爱国热潮中得到了迅速发展。

1915 年至 1937 年我国民族资本工商业发展时期。1925 年以后设厂形成了高潮，1925 年为 117 家，1926 年为 153 家，1927 年为 243 家，1928 年至 1931 年新设工厂 1087 家，之后至 1937 年再也没有形成新的设厂热潮。[11]

这个时期，民族资本工业的特点：

（1）民族资本工业与民族商业结合在一起，工业为商业提供商品，商业为工业提供产品订单，许多企业是工兼商，许多老板既开店又开厂。

（2）机器工业生产在民族资本工业中占据比例增大，除船舶修造外，还能生产纺织机、印染机、缫丝机、针织机、印刷机、卷烟机和农业机具等。

（3）工商界人士文化教育水平有了很大提高，不少人怀着实业救国的理想，从国外留学归来后创办实业，他们不仅有先进的专业技术知识还学习运用西方先进的管理知识。如上海水泥厂老板刘鸿

申新纺织一厂

申新第一、第八纺织厂

生毕业于圣约翰大学，大中华造船机器厂老板杨俊生毕业于日本东京帝国大学船舶工程专业，新中工程公司老板魏如毕业于交通大学电机科，大华仪器厂老板丁佐成毕业于美国芝加哥大学电气工程专业。

　　1915年至1937年期间上海民族资本工业开设的主要工厂：

　　1915年，穆藕初在杨树浦浦兰路（今兰州路）投资20万元，新建德大纱厂，生产宝塔牌棉纱，质量超过英国、日本。1916年在北京商品陈列所举办的产品质量比赛会上被评为第一名。

　　1915年，荣宗敬、荣德生在上海创办申新纺织一厂，花了2.65万英镑购置全套机器设备，有纱锭12960枚。1931年在澳门路开设申新九厂时，申新集团在沪工厂拥有纱锭45万枚、纺机2975台，为全国最大纺织企业。

　　1915年，在德商、美商洋行工作过的刘柏森租赁四明银行管理的已停工的伦章造纸局，几经转折后于1925年成立天章造纸股份有限公司，资本40万元，职工300人，是国内第一家生产高级洋纸的工厂。

　　1916年，在布店学徒的杨济川自学英文、化学、电学后，他

与几个朋友在虹口横浜桥租房研制出电流表后，雇工开办华生电器制造厂。1919年又在周家嘴路购地10余亩建造新厂房，1922年投产生产直流发电机、变压器、配电盒、电流表，在上海总商会举办的商品陈列所第一次展览会上，该厂产品获得优等奖和金质奖章。1924年开始生产华生电风扇，1936年时年产电风扇3万台。

1916年，章锦林创办明精机器厂制造印刷机，1926年生产的印刷机出口日本。1932年又试制了国内第一台自动铸字机。

1916年，谢梓南创办上海中华第一针织厂，有织袜机210台，生产袜子商标为菊花牌，是当时上海最大的针织厂。

1917年，毛锦标等人在厦门路鸿兴里创办毛锦记电镀厂，是上海第一家电镀厂。

1917年，留澳学生刘达三回国后，创办中华美术珐琅厂，是上海最早生产搪瓷制品厂。

1919年，姚德甫等人在狄思威路（今溧阳路）创办华通电业机器厂（今华通开关厂），生产电气开关和电气工程安装维修。

1919年，从浙江高等工业学校机电专业毕业的胡西园与留德、留日的两位工程师经过一次一次研试，1921年4月4日终于试制成

申新纺织七厂
申新纺织九厂
申新纺织九厂
纺织厂织布机
上海华生电器制造厂内景
上海华生电器制造厂

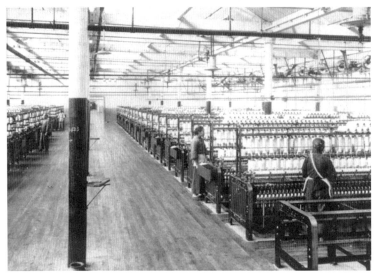

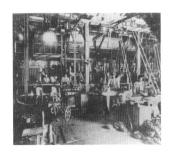

亚浦耳灯泡厂

吴蕴初

1926年天厨味精厂获美国费城
世界博览会金奖

天厨味精扬名上海滩

五洲大药房彩车

功我国第一只电灯泡。1922年11月又盘下德国奥普经商电灯泡厂开设中国亚浦耳电灯泡厂，产品商标为"亚"字。1929年10月又在辽阳路买下10余亩土地新建厂房，从德国购置机器设备、生产电机、电风扇。

1921年，吴蕴初出身贫寒，幼年时在上海学习英文、化学，毕业后在工厂当化学师。在自己家阁楼里研制发明了味精后，通过张崇新守园老板张逸云参股，两人成立天厨味精股份公司，资金5万银元。问世十年间天厨味精产销逐年增加。1926年天厨味精参加在美国举办的世博会获金奖。

1921年，五洲药房经理项松茂以12.5万两白银盘进固本肥皂厂，改名为五洲固本药皂厂，日产肥皂300箱。

1925年，余艺卿、萍福基在日本学习研究橡胶制造工艺后筹建大中华橡胶厂，1928年在徐家汇路（今肇嘉浜路）开工建厂，生产双钱牌套鞋，质量优价格廉，市场销路很好。1931年扩大资本至

五洲固本肥皂厂

五洲固本肥皂厂仓库

110 万元，1934 年增资到 200 万元，同年冬试制汽车轮胎，抗战前夕资本达 300 万元。

1925 年，魏如从交通大学电机科毕业后，创办新中工程公司，制造国产机器。1926 年新中工程公司产品参加第一届工业展览会。1928 年在闸北宝昌路新建厂房，生产的抽水机、柴油机获得中华国货展览会特别奖。后来又先后承包粤汉、浙赣、苏嘉等数条铁路大桥建造，闻名全国造桥工程界。

1926 年，杨俊生从日本东京帝国大学船舶工程系毕业后在长崎三菱造船所工作，1924 年回到上海，1926 年在杨树浦鱼市场（今江浦路）附近创办大中华造船机器厂，开始建造长江船。1930 年迁厂到复兴岛，为崇明轮船公司建造 738 吨"天赐号"轮船、为天津航运公司建造中国人自己建造的破冰船。1934 年又建造"大达号"客轮。

1927 年，丁佐成从美国芝加哥大学电气工程专业毕业后，在美国西屋电气公司工作，1925 年回国后在上海博物院路 20 号（今虎丘

梅林罐头食品厂车间

梅林罐头食品厂工人在机器上操作

路 131 号）创立中华科学仪器馆。1927 年宁波巨商朱旭昌邀集几个商人与丁佐成合作组建公司，改名为大华科学仪器馆，1929 年元月造出国产第一只 3 英寸 R 型直流电表。

1930 年，刘鸿生等人集资 191 万元，将鸿生、荣昌、中华 3 个火柴厂合并成大中华火柴股份有限公司。

1930 年，何子康、鲍国昌等人收购俄国人开办的信谊制药厂，定名为信谊制药厂股份有限公司。

1930 年，华商合股在虹桥路 808 号创办梅林罐头食品厂，生产番茄沙司和红烧扣肉。1934 年梅林罐头食品参加在美国芝加哥举办的国际展览会，获得"权威级评价与成果合作"证明书。梅林罐头食品在国际市场上享有很高声誉。

1931 年，蔡正粹在其父开办的协泰机器厂基础上，在昆明路创办四方机电工程公司（今上海工业锅炉厂）。

1937 年，清华大学教授张大煌与上海中央研究院施汝为等集资，创建长城铅笔股份有限公司，生产长城牌铅笔。

这个时期，上海民族资本工商业的代表人物有：

穆藕初，上海浦东杨思人。他 13 岁时因父亲破产，失学后在棉花行当学徒。1900 年靠自学考入海关，1909 年赴美国留学，先后

虹桥路梅林罐头食品厂

就读威斯康星大学、伊利诺斯大学及德克萨斯农工专修学校，学习农科兼修制皂、纺织专业。1914 年获得硕士学位归国返沪，便着手筹备建造纱厂事宜，几经周折后凑集 20 万元，盘下一家烂尾楼改造为德大纱厂，有纱锭 10300 枚。工厂规模虽然不大，但是生产的宝塔牌棉纱质量为"上海各纱厂之冠"，超过英国、日本纱厂质量。1916 年穆藕初又在华德路（今长阳路）购地 40 余亩，投资 120 万元建造厚生纱厂，3 万锭纱机向美商订购，1916 年 6 月正式投产。由于产品质量优良、工厂管理先进，在当时成为国人办厂的样板。后来，又在原棉产地的郑州开办规模宏大的豫丰纱厂。

穆藕初

荣宗敬、荣德生，无锡人。荣氏兄弟十三四岁来到上海永安街钱庄当学徒。后来在外当账房的父亲和两个儿子决定自己开设钱庄，1896 年在南市开设广生钱庄，资本为 3000 元。父亲病逝后，荣氏兄弟经营钱庄获取盈余。无锡盛产小麦，荣氏兄弟广开财路利用积蓄的资金在家乡开设茂新面粉厂，1904 年投产时正逢日俄战争爆发，东北三省面粉畅销。荣氏兄弟为了与其他面粉厂竞争，不惜巨款购置英国钢磨、扩建厂房，产量每日出粉 500 包。盛装面粉需要布袋，1907 年荣氏兄弟又在无锡茂新面粉厂旁新建振新纱厂。但是在各地面粉厂相继建立，外国面粉进口数量猛增的情况下，茂新面粉厂很快陷入亏损，又接连发生运输面粉的货轮触礁沉没、账房席卷现金逃走等事件，荣氏兄弟处在困难时刻。荣德生不气馁，冷静思考后悟出计谋，决心添机、创品牌、扭亏为盈。他向美商恒丰洋行贷款 12 万两银元订购美国最新粉机，翻新厂房，1910 年年产面粉达 89 万包，"兵船牌"面粉在市场上打响了品牌，荣氏兄弟又翻身了。

荣宗敬

1912 年经朋友介绍与人合资在上海新闸桥开设福新面粉厂，福新出产的面粉使用茂新的"兵船牌"商标，市场销路很好。1914 年在福新一厂旁购地 10 余亩，扩建六层厂房，购置美国进口的 600 筒面粉机，建成福新三厂。这是第一次世界大战爆发，兵船牌面粉订单积满，荣氏兄弟又遇到了一次发财的机会。在第一次世界大战期间，荣氏兄弟的面粉厂一共增加到八个，即无锡的茂一、茂二和上海的福新一、二、三、四、六厂以及汉口的福五。第一次世界大战发生后，棉纱

荣德生

兵船牌商标

申新纺织二厂

和面粉一样走俏，荣氏兄弟决定在上海郊区周家桥开设申新纱厂，资本 30 万元，1916 年投入生产。由于国外棉纺织品输入中国市场大幅度下降，中国棉纺织品获得了畅销市场的良机。1916 年至 1918 年申新纱厂的棉纱产量从 3584 件增加到 9811 件；棉布的产量 1917 年至 1918 年，从 29002 匹增加到 128719 匹；盈利增长了 10 余倍。

刘鸿生，浙江定海人。18 岁进入圣约翰大学读书，是个品学兼优的好学生，学业一半时校长看中他，决定送他到国外留学深造后留校，被刘鸿生拒绝了。离开学校的他当过翻译、营销员、销售公司经理。第一次世界大战爆发，煤炭需求量节节攀升，开平煤矿英籍职员应召回国，外商用煤全归刘鸿生经营，因此他的销售业绩十分可观，年收入 20 万元以上。大战结束时，他已成为上海滩"煤炭大王"。1920 年他在苏州开设鸿生火柴厂，高价购进全套设备，高薪聘请专业技术人员，其产品质量好价格低，迅速打开市场销路。为了抵制外国火柴厂收买国资火柴厂，他说服中华、荧昌火柴厂与

荣氏茂新面粉厂

申新纺织七厂

申新纺织厂的人钟商标

1920 年建造荣氏企业总公司大楼

申新七厂织布车间

他合并，于 1930 年组成大中华火柴公司，后来又合并了裕生、燮昌等厂，成为全国最大的火柴公司。在创办火柴工业的同事，刘鸿生还在创办水泥工业。他凭着煤炭专业知识，设想利用煤炭燃烧后产生的煤渣提炼水泥。1923 年在上海龙华创办上海水泥厂，生产象牌水泥，在长江以南地区市场上占得优势。1927 年他成立中华码头股份有限公司，打破洋商独霸黄埔江码头的局面。1929 年创办华丰搪瓷厂、章华毛纺织厂。

刘鸿生

　　1937 年 7 月日本全面发动对华侵略战争，上海沦陷，许多工厂在战争中遭到空前破坏。但是，在英、美、法殖民主义势力管辖的上海租界则成为沦陷国土中的"孤岛"，各地官僚、地主和商人认为"租界安全"，纷纷前往租界，利用游资开设工厂，生产沦陷区急需的工业品，出现了"畸形的繁荣"。1938 年底租界内的工厂总数超过战前 2 倍以上，达到 4700 多家。1940 年上半年又有增加，达到 6300 多家。[12] 其中，民族工业占大多数，据工部局报告，1937 年

寅丰毛纺织厂车间

底开工的工厂为 422 家，1938 年底开工的工厂为 4707 家。1940 年上海民族资本工业已达 5000 家。[13]

1937 年至 1945 年解放战争前夕，是上海"病态"的设厂热潮时期。由于战争经济通货膨胀，工业品奇缺，租界"孤岛"独特的安全感，吸引着各地游资像潮水一般涌向租界。在有限的区域内空前地设厂，生产紧缺的工业品。许多狭窄的里弄住宅里办起了弄堂小厂，有些工商界人士急谋图利，以次充好，生产伪劣产品。但是，大多数工商界人士在民族爱国精神鼓舞下，走实业救国的道路。

1937 年至 1945 年上海民族资本工业开设的主要工厂。

1937 年，徐文熙等人合伙在闸北开设景福衫袜织造厂，生产飞马牌汗衫，背心和卫生裤。

1937 年，中国生化药厂在海格路（今华山路）开设，生产原料药和针剂。

1938 年，蔡耀庭在大西路（今延安西路）开设友成耀记玻璃厂，生产血球计和玻璃管料。

1938 年，刘国钧、刘靖基在哈同路（今铜仁路）创建安达纱厂，有纱锭 1.4 万枚。

1938 年，王虞卿等集资创办寅丰毛纺印染股份有限公司，有精纺锭 2000 枚、纺机 38 台，生产"财神虎"呢绒。

1938 年，新光培记滚镀厂在康定路 1490 弄 8 号开设，生产窗钩镀锡。

1939 年，上海科学化工厂被战火炸毁后，迁入海格路（今华山路）684 弄 9 号复工，生产棒式口腔体温计。

1940 年，陈云舫创办精业机器厂，设在菜市场（顺昌路）美术专科学校实验工厂内。

1941 年，云林丝织厂在徐家汇路开设，生产"百子康乐"、"白雀朝凤" 丝织全幅被面。

1942 年，华成烟厂在汇山路（今霍山路）厂房被日军占用后，只得在戈登路（今江宁路）另建新厂。

1943 年，徐文熙等人投资 1600 两黄金开设中国缝纫机制造公司，生产家用和工业缝纫机。

1944年，李廷栋、陶友川等人联合七家绸厂二家绸庄，在余姚路53号成立九昌织丝厂股份有限公司。

1944年，杨广元、叶瑞奎在兴业路205弄开办企昌橡胶厂，生产喜喜牌皮鞋底，在沪杭铁路沿线开设特约经销处，市场信誉日著，成为全国名牌产品。

1945年，张锡麟在斜土路359号开设生铁工厂。

抗日战争结束后，国民党接收大员接管了上海。由于通货膨胀，物价飞涨，国民党政府对工商业有苛征重税，加上美国将战后的剩余物资倾销中国市场，我国民族资本工商业陷入了空前的困境。抗日战争后期上海有300多家制药厂，由于美药充斥，至1946年倒闭了200家。织袜厂原来全市有240余家，由于美国尼龙袜倾销，172家袜厂被迫关闭。制革厂全市有270余家，由于美国制革制品占领市场，至1946年底关闭了50余家。水泥厂全市有3家，2家被美国水泥挤垮。面粉厂全市有8家，开工率仅达51.45%。[14]

但是，在1946至1947年期间，仍有些行业如机器制造、毛纺织、橡胶、火柴、制笔、搪瓷等趁美货压迫的空隙，或利用物价上涨机会，获得程度不同的发展，据统计1946到1947年间，新开设工厂在100家以上，1945年至1949年新开设工厂71家。为什么在通货膨胀百业萧条的形势下，橡胶业相反会发展呢？（1）抗战结束后，市场需要生活橡胶制品和国内运输橡胶制品的数量增大。（2）橡胶成为投机和囤积的对象，抢购风甚烈，价格涨风不止。（3）当时实行低外汇政策，橡胶外汇价比黑市价低廉，工厂获得低廉原料生产可获利数倍。再如，毛纺织业，抗战胜利后在低外汇政策刺激下，1947年新开设工厂28家，1948年又增设20家，但是由于原料缺乏，大多数工厂处在停工减产之中。[15]

1945年至1949年上海民族资本工业开设的主要工厂：

1945年间，因抗日战争爆发动迁到重庆的工厂，抗日战争胜利后陆续返沪复厂，机器制造业有新民机器厂、中华铁工厂、华成电器厂、新中工程公司等50多家。

1 上海轻工志

2 刘惠吾，上海近代史（上），华东师范大学出版社，1987年11月版，第216、217页

3 上海纺织工业志

4 刘惠吾，上海近代史（上），华东师范大学出版社，1987年11月版，第216页

5 黄汉民，陆兴龙，近代上海工业企业发展史论，上海财经大学出版社，2000年8月版，第10页

6 丁日初，上海近代经济史（第一卷），上海人民出版社，1994年版，第636页

7 刘惠吾，上海近代史（上），华东师范大学出版社，1987年11月版，第329页

8 黄汉民，陆兴龙，近代上海工业企业发展史论，上海财经大学出版社，2000年8月版，第22页

9 刘惠吾，上海近代史（上），华东师范大学出版社，1987年11月版，第335页

10 黄汉民，陆兴龙，近代上海工业企业发展史论，上海财经大学出版社，2000年8月版，第15页

11 上海特别市社会局，上海之工业，中华书局，1930年版，附表

12 陈真，姚洛，中国近代工业史料（第一辑），三联书店，1957年版，第109-111页

13 刘惠吾，上海近代史（下），华东师范大学出版社，1987年11月版，第383页

14 刘惠吾，上海近代史（下），华东师范大学出版社，1987年11月版，第463页

15 黄汉民，陆兴龙，近代上海工业企业发展史论，上海财经大学出版社，2000年8月版，第17、19、21页

1946年，陈阿金等5人合资创办洽兴抽水机修理社（后为上海深井泵厂），是国内第一家生产深井泵的工厂。

1946年，正泰信记橡胶厂盘进南塘路72号利厚橡胶厂，改名为通用橡胶厂，生产橡胶鞋。

1946年，宏达橡胶厂收回被敌占的齐齐哈尔路旧厂，经重新集资后开设宏大第二橡胶有限公司。

1946年，张俊英在欧阳路96号创办大华橡胶厂，生产天华牌橡胶丝。

1946年，杨公庶等人购买长阳路940号原日商酒精厂，改为大成橡胶厂，生产力士牌球鞋、平口套鞋。

1946年，华丰毛毯厂在黄兴路1616号开设，生产毛线、针织绒。

1946年，境记弹毛厂在沪太路开设，生产全毛、混纺毛。

1947年，程伟民创办中国玻璃纤维社（后为上海电机玻璃纤维厂），是国内第一家生产玻璃纤维的工厂。

1947年，汤蒂因独资开设绿宝金笔厂，生产花赛璐珞笔杆的绿宝牌金笔。

1947年，周梦贤等人在长宁路694号，创办中华联合五金制造厂，是国内第一家生产力车胎气门嘴的工厂。

1948年，吴锦安等人组件国华工程建设有限公司，在斜土路2096号开设附属机修工厂（后为上海建筑机械制造厂）。

1948年，宏达橡胶厂在济宁路355号增设宏达橡胶三厂，生产香炉牌、无敌牌胶鞋，力车胎，高帮胶鞋。

1949年后上海临近解放，几乎没有开设新厂。

纵观我国民族资本工业发展的历史，深受外国资本工业和我国官僚资本工业的挤压。

荣宗敬1919年在上海筹建福新面粉七厂和八厂时，要在苏州河畔盖七八层大楼，欧美商人和日本商人闻讯后十分害怕，联合起来阻挠。（1）通过公共租界工部局以"厂址在苏州河旁，地基不牢"为借口不准建造。（2）经过荣宗敬8个月的不断交涉和对工部局华人顾问的游说后，工部局董事会以一票的微弱优势，准许福新七厂

建造，但是八厂已盖好建筑要强行取缔。为了保住七厂，荣宗敬只得眼看着八厂已盖好的厂房被拆去。

福新八厂磨子间

　　胡西园的中国亚浦耳电灯泡厂制造电灯泡，引起外商的嫉恨。美国奇异爱迪生公司收买亚浦耳厂的一名职工，在配用化学药水中暗掺碱质粉末，造成红磷不纯容易断丝。日本商人在出售钨丝中规格不一，还竟然以劣充好，将脆变的钨丝交货。1927年美、德、荷兰、匈牙利、日本等电灯泡厂在中国争夺市场，竞相压价，最低每只灯泡只售5分银元，不及中国灯泡成本的一半，许多中国灯泡厂被迫关门，亚浦耳厂承受巨大压力，产品也大大削减，还经常停机。胡西园为了拯救亚浦耳厂，另开国外市场将灯泡销往东南亚国家。美国奇异爱迪生公司联合德国亚司令、荷兰飞利浦、匈牙利太司令组

胡西园

胡西园夫妇

福新面粉八厂

成"中和灯泡公司"统销四家产品，在世界各地设立分公司。将产品以高价出售，另出副牌产品低价倾销，使中国民族工业灯泡厂收到巨大伤害。接着美国奇异爱迪生公司向亚浦耳厂提出收买其商标，加入"中和"，组成五国灯泡联合公司，被胡西园断然拒绝。

20 世纪 30 年代，国民党政府宣布关税自主后，修改税则，把平均进口税率从 1930 年的 10.4% 提高到 27.2%。实行这个政策后，国内不能自给的工业原料、燃料、机器都要加收高额进口税，外销的国货又要征收出口税，使我国的民族工业负担沉重。如华商卷烟税率原来每箱为 2 元，1932 年猛加至 55 元，增加 26 倍之多。1934 年南洋兄弟烟草公司所缴纳的统税竟占净硝烟值的 34.8%。

1934 年下半年，因美国购银政策影响，银价暴涨，市场出现通货膨胀、金融梗塞的恐慌。由此给在艰难中的我国民资工商业伤上撒盐，许多企业被迫利倒闭，1934 年有 425 家，1935 年增至 895 家。

而在同时，国民党政府屈服于日本政府的压力，1934 年 7 月颁布第四个新税则，凡日本对华倾销货物均受减税优惠。

南洋兄弟烟草公司厂房

南洋兄弟烟草公司卷烟厂

# 第二章 建筑篇

### 工业建筑的畸形发展

上海是我国近代工业产生最早、设厂最多、投资规模最大的城市，经过一个世纪的发展，成为我国近代工业的基地。

1935 年，上海公共租界工部局年度报告公布上海租界工业的概况：[1]

| | | |
|---|---|---|
| 纺织品产业 | 工厂 567 家 | 员工 75242 人 |
| 食品、饮料、烟草产业 | 工厂 155 家 | 员工 35886 人 |
| 机器产业 | 工厂 1108 家 | 员工 19051 人 |
| 造纸和印刷产业 | 工厂 663 家 | 员工 17730 人 |
| 服装产业 | 工厂 226 家 | 员工 13765 人 |
| 化学制品产业（含肥皂、药物、火柴） | 工厂 191 家 | 员工 4225 人 |
| 金属制造产业 | 工厂 167 家 | 员工 2602 人 |
| 木作产业 | 工厂 98 家 | 员工 2010 人 |
| 砖瓦、陶器、玻璃产业 | 工厂 45 家 | 员工 1637 人 |
| 运载工具产业（含船艇） | 工厂 20 家 | 员工 1292 人 |
| 皮草和橡胶制品产业 | 工厂 36 家 | 员工 1039 人 |
| 家具产业 | 工厂 23 家 | 员工 912 人 |
| 科学仪器、乐器、珠宝饰物产业 | 工厂 22 家 | 员工 640 人 |
| 公用事业 | 工厂 5 家 | 员工 362 人 |
| 其他 | 工厂 95 家 | 员工 4311 人 |
| 总计 | 工厂 3421 家 | 员工 170704 人 |

1935 年，华界上海市政府公布华界上海市区工业概况：[2]

| | | |
|---|---|---|
| 纺织业 | 工厂 690 家 | 员工 73448 人 |
| 食品、饮料、烟草产业 | 工厂 84 家 | 员工 32379 人 |
| 机器产业 | 工厂 720 家 | 员工 16708 人 |
| 服装产业 | 工厂 344 家 | 员工 16621 人 |
| 化学制品产业（含肥皂、药物、火柴） | 工厂 121 家 | 员工 7426 人 |
| 木作产业 | 工厂 25 家 | 员工 4101 人 |
| 砖瓦、水泥、玻璃产业 | 工厂 61 家 | 员工 3370 人 |
| 运载工具产业（含船艇） | 工厂 46 家 | 员工 50472 人 |
| 皮革、橡胶制品产业 | 工厂 78 家 | 员工 11845 人 |
| 家具产业 | 工厂 46 家 | 员工不向 |

| 科学仪器、珠宝饰物产业 | 工厂 72 家 | 员工 1779 人 |
|---|---|---|
| 发电产业 | 工厂 8 家 | 员工 5267 人 |
| 钢铁产业 | 工厂 169 家 | 员工 3224 人 |
| 建筑材料产业 | 工厂 31 家 | 员工 1796 人 |
| 其他 | 工厂 181 家 | 员工 17023 人 |
| 总计 | 工厂 2676 家 | 员工 245664 人 |

抗日战争前，上海近代工业基地的基本格局已经形成。据 1936 年出版的刘大钧《上海的成长发展与工业化》专著提供的数据，当时上海工业产值占全国工业产值 51%，上海各工厂工人占全国产业工人的 43%。

1937 年以后，由于绵延不断的战争，上海工业发展缓慢。至 1949 年上海解放前夕，上海工业有 88 个生产门类，大小工厂 2 万多家，工业职工 53 万多人，工业产值约占全国的 1/5。[3] 必须指出的是，（1）列举 1935 年上海公共租界和华界上海市区工业统计表的罗兹·墨菲说，工部局报告所列的数字不包括租界内所有一切工业企业，华界上海市区工业统计表也不包括华界之外所有一切工业企业，而大体限于那些使用动力传动机器的工厂。（2）罗兹·墨菲指出，人们对这些数字的准确性表示怀疑。如钢铁厂 169 家，平均每家工厂只有

怡和洋行仓库

招商局第一码头

新开河仓库码头

建造中的军工路码头

工人 19 名。（3）由于近代上海特殊的整体，很难有准确的统计数字，本书引用此两表的目的是可以略见上海近代工业的构成和规模，仅作参考之用。

纵观上海近代工业的发展历史，是无序的缺乏整体规划的发展，因此发展的轨迹是畸形的。

（1）随意发展，缺乏配套设施

叩开上海近代工业发展之门的是水上运输业，随着开埠后上海水上运输贸易的迅速增长，建造码头、仓库和修船厂就逐年增长。沿苏州河和黄浦江畔徒弟是首先开发的地方。上海开辟租界后，租界的地价飞涨，如南京路两旁的土地 1896 年至 1933 年间上涨 132 倍，而隔着苏州河、黄浦江的土地却十分低廉。1905 年大清银行在苏州河畔首先建栈房，1907 年英商怡和洋行在北苏州河、甘肃路口建造打包厂，后来中国银行、永安公司、浙江兴业银行等也在这里建栈房，形成仓栈建在河岸，码头建在门前的仓栈码头区。黄浦江的十六铺、虹江码头和浦东陆家嘴设修船厂和卷烟厂、茶叶厂仓库。1943 年有过调查统计，浦东码头仓库占全市仓库 70% 以上。1947 年还有过调查统计数字，上海共有码头 125 座，长 31000 尺，其中浦东占 57 座长 17500 尺。码头仓库因急于使用，仓促建造，因而形成岸线、码头与仓库不成比例不配套。

华栈码头

自来水、煤气、照明和公共交通是上海城市化不可缺少的公用事业，工厂和车间都是当时一流或先进的，但是由于租界割据，各自为政，英租界和美租界发展形成的公共租界供电靠杨树浦电厂，电压为 220 伏，而法租界在卢家湾自办电厂，电压为 110 伏。在华界地区，还有闸北发电厂、南市发电厂。自来水供水也是这样，公共租界由杨树浦自来水厂承担，而法租界在董家渡自办水厂供水。甚至电车也各自筹建各自营运，英商在赫德路（今常德路 80 号）开设电车公司，法商在吕班路（今重庆南路）开设电车公司，各自在自己区域内营业。

闸北水电公司

1927 年，上海特别市成立后，虽然成立了公用局、港务局就筹建联合电力公司、联合交通公司，对沪西给水工程、北苏州河岸线、疏通黄浦江河道做过计划草案，但是在租界割据情况下，难以实施。

（2）依附于外国租界当局势力的扩张，形成工业区域。

20 世纪初扩建中的外马路

杨树浦，位于上海市区东北部，原来是一片农田和滩地。1860 年以修筑"军路"为名，修界外马路——杨树浦路。1873 年美国领事熙华德擅自划定"熙华德线"，1893 年上海道台承认了这条熙华德线是美租界界线。不过美国没有独立行使行政管辖权，同年英美租界合并为公共租界。从此，工部局和外商在此建造自来水厂、发

杨树浦地区的工厂仓库

20 世纪初扩建后的外马路

宜昌路的上海啤酒厂

工部局电气处发电厂

老闸桥

搪瓷厂

电厂、纺织厂、煤气厂、肥皂厂、啤酒厂、卷烟厂、造纸厂等。中国的官僚资本在这里开设上海机器织布局，民族资本因为这里地价较便宜，还因为许多企业是给外商企业做廉价配套服务的，都纷纷到这里设厂。1949 年在沪东地区，有各类工厂达 800 家。[4]

沪西地区，今静安普陀区地域。19 世纪末还是苏州河横贯两岸的农地。由于这里有苏州河水路又有沪宁、沪杭铁路穿越境内，这里成了水陆交通要道。第一次世界大战期间，我国民族资本趁西方列强把精力放在欧洲战场时，先后在这里设立纺织、面粉、橡胶、机器、搪瓷厂。《马关条约》后，日本商人利用在华设厂的特权，在沪西苏州河两岸开设大批工厂，重点纺织厂，这里几乎成了日本人的天下，大批从农村来沪谋生和抗战时的难民，在这里工厂做工，又在工厂附近荒地上搭建棚户居民点。

（3）依赖于特殊地理位置，密集发展。

闸北处于沪东与沪西之间，跨越苏州河即是租界区，境内又有苏州河和沪宁铁路两条大动脉，地理位置十分优越。苏州河北岸老闸桥段（今福建路桥），历史上曾经是缫丝厂集中的地方，以后在闸北附近扩散，至 1930 年在闸北境内达 70 余家。茶叶厂在闸北也众多，主要分布在虬江路、永兴路、宝昌路、七浦路、山西路，1929 年达到 54 家。此外，玻璃厂、搪瓷厂、粮油加工厂、文教用品厂、木材加工厂在闸北也很多。1917 年"八一三"事变，日本侵略军发动战争，当时上海 5000 余加工厂，将近一半被毁，战火最集中的闸北损失最严重，"上海的缫丝厂集中在闸北，战争中全部化为灰烬的积余、久余、九丰等 30 家"。[5] 战争中工厂遭到惨重损失，这与工厂分布的密集也有关。

（4）寻求外国租界的"安全"区域，拥挤设厂。

1938 年抗日战争爆发后，日本侵略军侵入上海，由英国、美国、法国殖民势力管辖的上海公共租界和法租界宣布"中立"，租界则成为大片沦陷国土中的一块"孤岛"。它处在直接的战火之外，形成一个特殊的环境。大批从战区来的人口为了寻求租界的"安全保护"，带来一批物资和资金，在租界狭小的地域内"螺蛳壳里做道场"。

利用民居和里弄的空隙之地，开设里弄工厂。这些工厂在居住区内，使居民不能有宁静的居住环境。如华元染料厂设在徐家汇附近街坊里，厂区面积拥挤，排放的废气废水严重地污染着周围的居民生活环境。

1937年至1941年是上海租界畸形的繁荣时期，如江宁区（相当于今静安区）仅有3.19平方公里的土地面积中，集中了2800多家工厂，其中绝大多数是里弄工厂。1943年租界结束后，由于租界时期设厂的雏形已形成，抗战胜利后新开设的工厂和从内地迁回的工厂，更加剧了上海市区里弄工厂的密集。如江宁区西康路余姚路街坊，里弄住宅与里弄工厂混杂在一起，在不大的街坊内有大华软管厂、隆昌电焊厂、永嘉化工、晶鑫厂、大明丝厂、大成钢管厂、庆丰钢厂、华兴昌制药社、德丰针织厂等等。

上海近代工业的畸形发展，给解放后的上海城市发展和建设留下了历史后遗症。

（1）工厂与居民住宅犬牙交错的情况十分普遍，这类工厂全市约有600多家[6]，既不利于生产的发展，又污染环境，妨碍居民正常生活。还有的工厂占用花园住宅、里弄住宅，甚至办公大楼，严重

1 罗兹·墨菲，《上海——现代中国的钥匙》，上海人民出版社，1986年10月版，第200页

2 罗兹·墨菲，《上海——现代中国的钥匙》，上海人民出版社，1986年10月版，第202、203页

3《上海建设》编辑部，《上海建设》（19A49-1985），上海科技文献出版社，1989年2月版，第201页

4 熊月之、周武，《上海一座现代化都市的编年史》，上海书店出版社，2007年1月版，第265页

5 刘惠吾，《上海近代史》（下），华东师范大学出版社，1987年11月版，第339页

6《上海建设》编辑部，《上海建设》（1949-1985），上海科技文献出版社，1989年2月版，第64页

搭建在工业区附近的棚户及受污染的河道

烟囱冒着黑烟的缫丝厂

黄浦江边的工业区

苏州河岸的工厂

地损坏了原有的建筑。

(2) 工厂的烟囱灰尘、机器噪声、工业污水等污染严重，缺乏智力的措施和设施，造成环境质量恶劣和许多随意排放污水的臭水浜。

(3) 黄浦江和苏州河沿岸，大多数被工厂、仓库和码头所占用，几乎没有居民休闲的生活岸线。工业交通线路与城市民用交通线路交叉。

(4) 供电、供气、供水及公共交通，由于租界分割的影响，各自为政。原来"华界"地区市政公用设施严重缺乏，造成上海地区之间城市设施和生活环境的悬殊。

## 工业建筑类型的局限性

上海近代工业由于自然资源的限制而缺少一小部分门类外，在全国近代工业的 16 个大类、200 个左右产品门类中占有 85%，各种门类是比较齐全的。据 1934 年资料统计，上海工业企业已经形成一定规模的行业有 46 个，1947 年增至 71 个。[1]

上海近代工业最早从船舶修造开始，后来迅速发展到缫丝、棉纺织等行业。19 世纪 60 年代起自来水厂、发电厂、煤气厂等现代城市公用事业设施必备的新型行业出现，还有李鸿章洋务派引进国外先进技术，创办枪炮军工业和轮船航运业。19 世纪末 20 世纪初，卷烟、茶叶、面粉、火柴、制皂、制药、搪瓷、油漆、毛纺织、针织、丝绸、印染、化妆品、调味品、机器制造、橡胶、化工原料、翻砂铸铁等行业不断出现。

在上海近代工业各种门类行业中，存在着以轻纺工业为主，重工业比例很小的情况（详见前一节 1935 年工业情况统计数字）。洋务派创办的军统工业和轮船航运业，虽然有所发展，但是没有得到应有的大发展。机器制造业，外国洋行垄断着进口机器，大部分机器制造厂名不相符，实际只是修配厂充当外国机器工业的附庸。1936 年全市机器制造行业有 457 家，其中专门从事修配的工厂有 337 家，占全行业工厂总数的 73.7%。1946-1947 年这个行业的

1 黄汉民、陆兴龙，《近代上海工业企业发展史论》，上海财经大学出版社，2000 年 8 月版，第 26 页

2 黄汉民、陆兴龙，《近代上海工业企业发展史论》，上海财经大学出版社，2000 年 8 月版，第 26 页

3 黄汉民、陆兴龙，《近代上海工业企业发展史论》，上海财经大学出版社，2000 年 8 月版，第 28 页

4 黄汉民、陆兴龙，《近代上海工业企业发展史论》，上海财经大学出版社，2000 年 8 月版，第 28 页

5 黄汉民、陆兴龙，《近代上海工业企业发展史论》，上海财经大学出版社，2000 年 8 月版，第 88 页

6 黄汉民、陆兴龙，《近代上海工业企业发展史论》，上海财经大学出版社，2000 年 8 月版，第 36 页

7 素炼是上世纪 50 年代对生胶不加配合剂进行加工使其降低弹性获得塑性的的加工工艺过程称为素炼。

8 上海市工商局等，《上海民族橡胶工业》，中华书局，1979 年版，第 78 页

厂家有所增加，达 708 家，修配为主的工厂有 533 家，占总数的 75.3%。[2]

上海民族资本工业在机器修造业中是发展较快的。甲午战争前夕民族资本机器修造工厂只有 10 家，1920 年为 114 家，1933 年为 456 家，1947 年为 708 家，1949 年达到 753 家。[3] 这些机器修造厂能仿制柴油动力、纺织机械、农用机械、橡胶机械、皮革机械、造纸机械、印刷机械、卷烟加工机械、食品加工机械等，但是其规格一直很小，在上海民族资本的棉纺、缫丝、毛纺、面粉、卷烟、造纸、火柴、制药和机器修造 9 个行业的产值比重中，从 20 世纪 20 年代至三四十年代，一直仅占 1% 左右。即使加上在上海的官僚资本和外国资本的机器修造工业，也只有 3% 左右。[4]

纺纱厂的童工

缫丝厂

机器工业是工业发达国家的主导产业，它作为新兴行业推动整个工业从落后的手工业向机械化发展。机械工业在整个工业中的比重，反映了这个国家或地区工业生产先进的程度。但是，近代上海机器工业在近代工业中比重很小，既妨碍了自身的发展，又影响了其他行业的发展。

民间纺纱

由于上海近代工业生产大多数是手工操作或半机械化操作，机械程度低，设备简单，厂房简陋，因此大多数是小型工厂。1928 年上海特别市社会局调查的 1317 家工厂中，资本在 10 万元以下的小厂有 1256 家，其中不满 1 万元的就有 866 家，占工厂总数的 65.7%。小厂不仅资本小，而且规模也小。根据截至 1934 年的统计，仅雇工 5~30 人的小厂多达 4000 余家。[5] 还有的小工厂，开办资本仅数百、数千元，厂主一手包办，不雇佣工人。1947 年曾对 708 家机器厂统计，这种小型工厂有 252 家，占总数的 35.6%。[6] 小型工厂的厂房和设备简陋，如橡胶厂厂房一般都是砖木结构简屋，机器设备很少，手工操作比重很大。以生产雨鞋橡胶制品为例，从配料到最后的包装共 26 道工序，只有切胶、素炼、出片、打浆、刮浆和硫化[7]几道工序使用电动机械操作，其他都是手工操作，手工操作工人数约占生产工人总数的 90%。[8]

在小作坊里人工锭步

小作坊里手工纺纱

## 厂区总平面布置的不合理性

上海近代工业的企业，大多数情况是工厂规模小、厂房简陋，在"螺蛳壳里做道场"，当然建筑的合理性及总平面布置就无从谈起。

在西方建筑思想影响下，正规新建的大中型工厂里，总平面布置存在着以下情况：

（1）由于上海土地紧缺，工厂用地毗邻居民区，有的甚至混杂在居民区，工厂的机器噪声和工业废气废水严重地影响了周围居民的正常生活。工厂在居民住宅的包围中，给安全生产和治安也带来了隐患。如上海新裕纺织第二厂建在澳门路，工厂车间利用不规则的土地，力求最大化的土地利用率，将一个大车间硬嵌入里弄住宅群里。

（2）工厂分跨马路两边，这在上海并非少数，由于马路作为社会公众交通的通道，妨碍了设在马路两边车间之间的联系。有的工厂马路一边是车间，另一边是仓库和办公楼，相互之间的联系必须频繁地穿越马路。这里总体布置的形成，往往是土地私有相互分割造成的。如新亚药厂原在新闸路 1095 号南安里东侧有厂房，1940 年因新亚生物研究所余濆博士研制成功的"斑疹伤寒疫苗"须投入生产，购置了马路斜对面新闸路 1044 号原辛家花园旧洋房两行 18 个单元，推倒后新建多层厂房。再如，中华纸厂马路一边厂房和办公楼，马路对面是仓库。

（3）工厂一次建成的在上海不多，这些工厂总平面布置与工艺布置密切结合，厂区经过规划设计后，总平面布置十分整齐，体现了西方科技的先进性。但是，在追求提高土地利用率，获得最大化建筑面积的经济利益驱动下，一般总体布置紧凑，有的工厂甚至偏于拥挤。如位于淮安路苏州河边的永安纺织三厂，厂区地皮整齐，但是密布着各种车间，由于车间长度已到了厂区的尽端，厂区交通只能通过车间内部作为联络过道，影响车间内部的合理使用。这种密集型的总平面布置不仅厂区缺乏流畅线路，而且影响车间的采光和空气流通，也给消防带来隐患。

（4）上海大部分工厂是随着资本积累的增长，不断扩大规模增添新的车间，因此工厂总平面缺乏统盘规划，随意性大，后上的建设项目往往是见缝插针，造成分区不明确，工艺流程往返，建筑密度大，交通运输不便，车间采光通风差。有的工厂业主几经变动，在工厂扩建中更是缺乏统盘考虑，形成总平面布置混乱。如中国纺织建设公司第六纺织厂位于沪西长寿路，1923年原业主日华纺织株式会社在这里建三厂，建造南北两个纺纱工厂，规模为3万锭。1937年日华株式会社浦东的二厂在战争中被焚毁，1939年利用三厂的空隙地皮又盖起了织布工厂，使工厂总平面很局促，影响了厂区的交通。

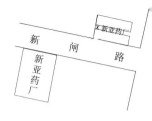

新亚药厂在新闸路两边分布图

（5）有些发展前景看好的企业，随着工业资本的膨胀不断增设分支机构，在总厂之下设立分厂，虽然分厂自成生产体系，但是有的企业发展是"零敲散打"型，过分地分散不便于集约化生产，能源浪费，管理成本提高。如新亚药厂1925年创建时以生产牙粉、牙膏、花露水为主的小作坊，1927年产品销路打开后厂址迁到白克路（今凤阳路），后来因注射液市场销路好，成本低利润厚，就在成都北路三凤里设立注射液工厂。注射液所用的玻璃容器，必须向国外订购。为了降低成本自行研制，1930年在麦根路（今淮安路）开设玻璃容器工厂。"九一八"、"一二八"以后在提倡国货、抵制日货的声浪中，新亚的"宝青春"片销路激增，租赁新闸路1095号作为公司和药厂用房。1940年购入新闸路1044号建造多层厂房，生产"斑疹伤寒疫苗"。在沪西林肯路（今天山路）又购置50余亩土地，作为筹建新厂用地。

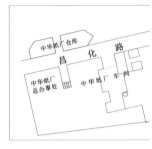

中华纸厂在昌化路边的分布图

上海第六纺织厂厂区土地很不规则，严重影响总平面布局合理性

上海近代工业企业厂区总平面存在的不合理性，从根本上分析，主要原因不是企业主没有远见也不是工程技术人员技术水平不高，而是社会政局动荡、土地私有割据所造成的，许多工厂建设只能"看一步，走一步"，长远规划想也没想过，短期目标能实现已是幸运了。

## 建筑物上反映的阶级性

上海近代工业建筑是中外投资者的挣钱工具。中外投资者在初创工业企业时，由于资金紧缺，往往厂房简陋、设施很差，尤其投资门槛低劳动强度大的行业。投资者为了赚"第一桶金"，往往千方百计降低成本开支，搭建简易工棚或者租用廉价民房，生产方式

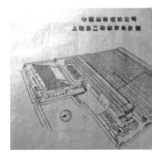

中国纺织建设公司上海第二纺织厂鸟瞰图

1 承载, 吴健熙, 《老上海百业指南》, 上海社会科学院出版社, 2004 年版

2 《中国建筑史》, 中国建筑工业出版社, 1986 年 7 月版

3 《上海近代西药行业史》, 上海社会科学院出版社, 1988 年 9 月版

基本是手工或半手工的方式。

上世纪 20 年代起, 西方生产方式和建筑式样开始传入上海, 机器生产逐步淘汰了手工或半手工业的生产方式, 但是早期建造的厂房大多是砖木结构简易厂房, 瓦楞铁皮屋面, 一二层居多。车间里阴暗潮湿, 落后的机器散发出高温和高分贝的噪声, 没有通风和降温设备, 没有劳动安全保护措施。如缫丝车间高温达摄氏 45 度, 许多年幼的童工及女工终日用手在滚烫的水锅里煮茧抽丝, 双手被烫得脱皮和粗肿。三四十年代建造的工业厂房虽然结构形式有了很大改进, 出现了排架、框架结构厂房, 但是厂房建筑追求高密度, 平面布置十分拥挤, 采光和通风页很差。如裕丰纱厂为当时最先进纺织厂, 工厂老板只顾生产不顾生产工人的生活福利, 工人吃饭自己带饭, 车间边开辟一个小间, 工人在这里吃饭并稍作休息, 没有更衣室, 厕所也十分简陋, 工人每天六进六出。搪瓷厂铁坯油污和铁锈处理均是手工操作, 工人带着橡皮手套在酸洗池、清水池、中和池和碱水池中将铁坯捞进捞出, 散发在空气中的有害气体严重地影响工人的身体健康。轧钢厂工人用钳子把火龙似的钢条从一个槽口送到另一个槽口, 稍有不慎即会被钢坯烫伤手脚, 有的甚至被穿透下肢, 造成残疾甚至死亡。冲床工人因为设有防护罩, 被轧掉几个手指甚至整只手的更多。有的工厂特别是日本企业, 将工人视为奴隶, 厂门口设置重重铁栅, 工人每天上下班要搜身, 车间内设工头室, 工头用敌意的眼光监视工人生产, 任意打骂处罚工人。

沿着黄浦江、苏州河岸边, 建造了大量高大的仓库、货栈, 但是不考虑机械运输设备, 资本家招劳工用低廉的工钢替代了昂贵的机械设备支出。仓库建筑中有一种较平坦的宽楼梯, 不是供一般人上下的, 而是特地为扛大包的挑夫设计, 宽度也考虑两人挑的空间。码头工人在码头上卸货, 行走在驳船与码头之间的挑板上, 许多码头工人营养不良抵挡不住高强度的体力付出, 扛着货物就从挑板上摔下去了。

扛大包的劳工

棉纱厂内的童工

冲床车间

搪瓷厂制坯车间

轧钢工人戴手套进行作业

杨树浦临青路工人居住地

四层楼高的仓库室外，踏步在有1米宽专供搬运工人背扛货物的楼梯。

## 砖木结构厂房

我国木结构建筑以木构架为主，由木柱、木梁、木枋和木檐等组成，以当地的木材为原料，就地取材现场加工。在长崎的建屋劳动实践中，我国人民大众积累了丰富的经验，涌现了鲁班等能人巧匠。宋代根据仙人丰富的营造技术，总结提炼后形成《营造法式》成为官府颁发的营造法则，大木作即是宋式木构架做法。清代雍正十二年颁布了《工程做法》，大木作分为大木大式，适用了官府、庙宇建筑；大木小式适用于一般民居建筑。

我国手工作坊沿用传统的大木作做法，建造木构架房屋。中国近代工业兴起时，许多工厂的厂房仍然沿用这种传统的结构形式，但是进一步细化为木结构和砖木结构两种形式。

木结构应用在单层厂房很普通，缫丝厂、纺纱厂、造纸厂和兵工厂早期的厂房就是这种结构形式。如1885年李鸿章下令创办的上海江南机器制造局，以后陆续建造的机器厂、木工厂、铸钢厂、熟铁厂等大多数厂房均是木结构平房。1892年又在龙华扩建火药厂时，一部分厂房也是木结构平房。1867年建造的江南机器制造局翻译馆，还是二层木结构建筑。虽然年过百年，昔日有一部分木结构老厂房仍然完好地保存着。

木结构厂房由木柱、木梁和木屋架组成，用料一般为杉木，也有用洋松。初期木屋架采用传统木结构担架梁形式，如振泰纱厂摇纱间，这种木结构用料大、跨度小。另一种采用一榀榀屋架，由木柱支撑，跨度越大，用料也省，适合流水线作业和安装大机器而需要的大空间。为了流通车间空气和改善车间采光，有的厂房木屋架上架设气楼。纺织厂流水线厂、车间内温度高，锯齿形屋架连续拼凑的形式较普遍，这种木屋架形式用料省，通风和采光效果均不差。单层厂房木结构较大厂房，采用横向和纵向骨架组成的排架形式，整体刚度好，稳定性也较强。

砖木结构以砖墙或砖柱称重，上立木屋架，19世纪下半叶时大中型厂房普遍采用这种结构形式。1882年建造的天章造纸厂厂房全部是砖木结构，屋面为回坡顶，铺瓦楞白铁皮。砖木混合结构改变

背大包码头工人

20 世纪 30 年代码头装卸工

五洲固本肥皂厂制皂车间

了木结构木柱支撑承载力小、稳定性差的弱点。1890年李鸿章获奏准后创办的上海机器织布局厂房包括轧花间、纺纱间、织布间，全长166公尺，宽244公尺，结构为三层砖木混合，每层楼面木梁为20*80公分，在当时是个大工程，可惜1891年因清花车间起火，厂房全部被烧毁。虽然砖木结构耐火性能较差，但是由于造价经济、施工便利，仍很受工厂业主的欢迎，甚至一些耐火要求高的工厂也采用砖木结构，真是令人吃惊。益丰搪瓷厂生产搪瓷面盆，最兴旺的1933年，有16只烘烧的炉灶，厂房却是砖木结构，木屋架上铺设瓦楞铁皮，不做木屋面板，大热天车间内温度实在太高，只得暂停生产。

砖木结构形式在仓库建筑中应用也很多，黄浦江畔、苏州河边许多中小型货栈、仓库至今仍能找到这些老仓库。知名的南苏州路1345号原中国纺织建设公司第五仓库，1933年建造的四层仓库，清水砖墙局部水泥饰面，砖墙柱壁支撑木屋架，每层用木横梁支撑楼板，至今仍完好地保存着，成为上海城市的历史痕迹。

清华大学建筑系曾编印的宋营造法式图注

工程做法则例

木材工厂车间

工人们正在锯木头

扬子木材厂木工车间

五洲固本肥皂厂制皂车间 / 木柱木屋架车间 / 木屋架砖墙混合结构 / 达丰染织厂木屋架 / 振泰纱厂 / 振泰纱厂摇纱间

振泰纱厂摇纱间木框架简图

达丰染织厂木屋架示意图

裕丰纱厂因锯齿形厂房，木屋架竖杆处装天窗

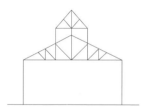

怡和纱厂浆毛间木结构示意图

公大纱厂检验间木结构屋架示意图

轧花车间

轧布车间

中华搪瓷厂车间一角

天章造纸厂砖木混合结构厂房

五洲固本肥皂厂制皂间木屋架由砖墙支撑

19 世纪初苏州河边仓库林立

1944 年上海华商益丰搪瓷厂
股份有限公司股票

美亚烟厂砖木结构锯齿形厂房

天章造纸厂

1884 年建造祥森木行木结构厂房

达丰染织厂木结构厂房

裕丰纱厂木结构厂房

怡和纱厂浆毛间木结构厂房

公大纱厂检验间木结构厂房

## 钢结构厂房

钢结构建筑起源于英国的冶金技术进步，18 世纪初英国采用焦炭炼铁技术获得成功后，至 18 世纪末 19 世纪初，铁已作为一种优质原料被广泛取代了木料。英国塞文河、威尔河上一座座铁桥取代了古老的木桥和石桥。19 世纪中叶，英国完成了工业革命，推动了欧美的工业生产发展，许多工程建设采用钢铁结构，如著名的法国巴黎埃菲尔铁塔，高达 328 米。19 世纪下半叶，钢的冶炼和加工技术取得了重大突破，在强度和韧性上更优于铁，德国克虏伯钢材赢得了世界盛誉，推动了第二次工业革命。

随着西方殖民势力在中国的扩大，外国资本在上海建设工程直接受到西方技术的影响。1865 年上海大英自来火公司在英租界泥城桥（今西藏路桥）东南桥堍边，建造中国第一座钢铁结构建筑，700 立方米储气罐庞然大物使上海市民十分惊奇。1929 年上海煤气用量超过 2000 立方米，泥城桥煤气厂生产规模已不能适应，1933 年英商在杨树浦路隆昌路建造杨树浦煤气厂，日产煤气 11.3 万立方米，煤气储气罐直径 33.77 米，高度 8.99 米，升起最高可达 38 米，可储煤气 2 万立方米，外表面积 4149 平方米，上面有 1 万个铆钉，重量达 290 吨。除了煤气储藏罐，储油罐也采用这种结构形式。1893 年德国瑞记洋行在浦东东沟建造油库，有 14 只大小储油罐，后来成为美商中美火油公司产业，经过百年风雨后，当年的储油罐仍然保存完好。

建造厂房用铸铁铁柱，最早为 1889 年上海华新纺织新局清花间。1892 年上海江南机器制造局在龙华建造火药厂，厂房聘请德国工程师设计，厂房铁柱、铁架都是德国制造，至今仍保存完好，而且无锈迹。1910 年建造的英商上海电力公司透平间、锅炉房为我国早期全钢结构势力。透平间的钢柱、钢屋架、钢桁条、钢吊车梁全是采用钢材。透平间跨度为 20 米，柱高 16.7 米，设有 25 吨吊车，安装 16 座发电机，发电总量 19.85 万千瓦。一号锅炉间 1913 年建造，以后陆续建造 2 至 5 号锅炉间，其中 5 号锅炉间为近代中国最高的多层厂房，钢框架结构，桁架式屋架断面为 75 厘米，钢柱断面为 40 厘米 ×40

厘米，柱网为 5.4 米 ×5.4 米。建筑平面尺寸为 21.9 米 ×32.3 米，总高 50 米共 10 层。附设的独立式铁烟囱高达 110 米。

钢结构由于坚固又耐火，采用人字型钢屋架的厂房更多，人字型钢屋架跨度从 10 多米至 20 多米，可因地制宜加工。钢屋架轻巧，改变了木屋架粗大的感觉。1888 年恒丰纱厂厂房较早采用钢屋架，1920 年至 1932 年裕丰纱厂陆续建造二、三、四工厂锯齿形厂房也是采用钢屋架，1928 年章华毛纺厂锯齿形厂房也是采用钢屋架，1928 年章华毛纺厂锯齿形厂房也是采用钢屋架，20 世纪二三十年代盖厂房采用人字形钢屋架已成为普遍现象。钢屋架虽然优点很多，但是应用不当存在问题也突出，如纺纱厂厂房温度高、空气温度高，钢屋架容易生锈腐蚀，肥皂厂溶液池上竟然安装钢屋架，化学物品挥发后钢屋架很容易就腐烂了。

上海煤气公司

江南制造局龙华分局

## 钢筋混凝土结构厂房

混凝土的发明是 1774 年，约翰·斯密顿用生石、黏土、纱、碎铁渣搅拌后，用来建造埃迪斯通灯塔的基础。1861 年法国的弗朗索

锯齿形厂房

瓦·考涅又在混凝土技术的基础上，发明了用金属网增强混凝土性能的技术，并在豪斯曼建筑师指导下，在巴黎建造了六层楼公寓群。19世纪末20世纪初，钢筋混凝土抗拉强度好的有点，使这项技术迅速传开。

20世纪初，上海就出现了钢筋混凝土结构厂房，1911年上海日华纱厂；1915年上海怡和纱厂、申新一厂和上海内外棉纱厂等都建造了钢筋混凝土厂房。钢筋混凝土厂房由全框架结构和无梁楼盖组成。

永安纱厂全部厂房均是钢筋混凝土结构，纱厂是二层楼建筑，上设气楼；布厂和印染厂是锯齿形厂房。纱厂底层是清花间、粗纱间，二楼是细纱间、样线间、燃线间和烧毛间，细纱车间是纺织最后一道工序，需要较好的光线，所以二楼屋面开设气楼。每层水泥地上铺木地板，地板材质为桃木，质地较硬，以解决水泥地起灰问题。

线间因生产上需要用水，地坪潮湿，所以采用磨石子地坪。

上海福新面粉厂 1913 年建造一分厂，主车间为六层钢筋混凝土结构，成为中国高层工业建筑的先例。1919 年又建二分厂，主车间为八层钢筋混凝土结构，长 65 米，宽 16 米，高 34 米，又刷新了中国工业建筑高度。

上海啤酒厂 1933 年扩建的新厂房，有酿造楼、灌装楼、办公楼、仓库等，酿造楼为九层钢筋混凝土结构，长 53.2 米，宽 34.5 米。总高 48.89 米，又创造了中国工业建筑最高度。

上海蜜丰绒线厂 1930 年建造的三层钢筋混凝土结构的纺织部，9000 平方米；六层钢筋混凝土结构仓库，12000 平方米，如此大面积多层工业厂房，为全国之最。

钢筋混凝土无梁楼盖，不设置横梁，由楼板负载直接由板传至柱，净空利用率高，便于施工，很受业主欢迎。1921 年上海海宁洋行糖果车间建造时为三层，后来加层为五层，车间长 46 米，宽 19.6 米，柱网 6.57 米 ×6.57 米，楼高 14.5 米，框架结构外露，填充墙围炉，反映了工业厂房坚固的特点。

1933 年建造的上海工部局沙泾路宰牲场，四层钢筋混凝土结构，

怡和建厂房

老公茂纱厂及其纺纱、摇纱和引擎车间

在杨树浦的怡和纱厂

粗纱车间

庆丰纱厂粗纱间

细纱车间

上海福新面粉一厂

锯齿形车间

庆丰纱厂细纱间

上海啤酒厂酿造车间

锯齿形屋面

庆丰纱厂梳棉间

上海啤酒厂灌装车间

采用中国传统的天圆地方的意境，将四边楼围合成四方形，中间楼为24边形呈圆形，通过楼梯连成一体，建筑高低错落，廊道盘旋宛如迷宫，将钢筋混凝土技术运用得十分高超。因是牲畜屠宰场，卫生条件不允许有死角，车间常用水冲洗湿度高，选用无梁楼盖恰到好处。

上海啤酒公司

上海啤酒公司装瓶间外景

1936年落成的上海啤酒公司厂房

上海啤酒公司酿酒间

友啤广告

上海啤酒公司发电楼

上海啤酒公司酿酒间

# 第三章 保护篇

## 保护工业历史文化遗产的意义

上海是国家历史文化名城，不仅因为是中国共产党诞生地，中国共产党早期活动都在上海留下光辉足迹，也是外国殖民势力和国民党势力盘踞的地方，近代历史上许多重大事件都在上海发生，研究中国近代历史不能不重点研究上海近代史。上海又是中国近代工业发源地，许多中国第一家工厂在这里诞生，近代工业替代了中国传统的手工业作坊，大大推动了中国工业革命的进程。与此同时，上海哺育了中国第一代工人阶级诞生，由农村农民蜕变为城市工人，他们认真学习、积极吸取先进的科学技术知识，刻苦学习各种技艺，成为建造大上海城市建筑和工厂建筑的生力军，制造机器生产各种日用品的劳动大军。

由于工厂、仓库的高大围墙隔离了人们的视线，社会上对工业遗产很陌生，过去对这方面的研究和宣传也很少，许多重要的工业遗产静悄悄地消失了，如再不及时抢救其建筑设施和历史资料，将会造成重大损失。

保护工业遗产，首先要明确工业遗产定义，不是所有老厂房、老仓库、老码头都是工业遗产，要划清工业遗产保护与旧建筑再利用的界线。

工业遗产应是具有历史价值、技术价值和社会影响的工业文化遗存。工业文化遗存，建筑物、构筑物是主要载体，此外附属的机器设备、工具、场地、产品和相关的档案文献、图书资料等也是重要载体。仅保留建筑物、构筑物是空洞的物体，只有相应的附属物配套，才形成工业文化遗产。判断工业文化遗产，事前要做大量案头工作，现场调查、专家分析研究。可从以下几个方面考察：

（1）工业遗产在工业革命进程中的地位和作用。

（2）工业遗产的建筑物和构筑物在工业建筑建筑设计与施工中的价值。

（3）工业遗产在城市文明中曾经发挥的作用。

（4）工业遗产曾经生产的产品对社会的重大影响。

（5）工业遗产的建筑物和构筑物曾经发生的重大社会事件。

保护工业文化遗产的意义是深远的，我们对此应有足够认识，认识深刻才会有自觉行动。

（1）上海工业文化遗产是上海近代文化遗产的重要组成部分，忽略工业文化遗产是不完整的，尤其上海是中国近代工业发源地，更不能不引起高度重视。

（2）上海工业的发展由发端、兴盛、衰落、更新、再发展的过程，上海的工业门类比较齐全，上海工业资本的形式又是多种多样，是研究工业历史的典型城市。

（3）上海工业文化遗产中有许多全国之最，在各个历史阶段曾经起着标志性作用，是历史发展重要轨迹。维护好曾经的辉煌，也是后人的责任。

（4）保护好上海工业文化遗产，对传承上海历史文化，教育后代，有了更丰富更有实感的社会大课堂，使书本知识有了实物印证。

保护工业历史文化遗产成为越来越多人们的共识，联合国教科文组织1978年成立国际工业遗产保护委员会，为推动全球工业遗产保护做了不少努力，1986年英国铁桥峡谷首次被列入《世界遗产名录》，目前国际上有50个工业遗产被列入《世界遗产名录》。

上海市政府对上海工业遗产保护也十分重视，有22处工业遗产列入文物保护单位，其中全国重点文物保护单位2处，市级文物保护单位3处，区级文物保护单位17处。区级登记的，不可移动文物25处。通过2011年结束的全国第三次文物普查，新发现工业遗产200余处，将上海工业历史文化遗产保护工作更上一层楼。

工业文化遗产保护，不是空关守护，而是按其价值分级保护和利用。属于工业遗产，就必须遵循历史建筑保护原真性的基本原则，

英国工业考古协会

联合国教科文组织世界遗产标志

建筑维护原貌，建筑设施原貌，维护史料真实性。由于工业遗产比民用建筑历史遗产复杂，一个工厂有若干厂房，有不同时期老厂房也有新厂房，厂区规模较大，如果全部都强调原真性，实际很难做到。因此，要具体分析，分级保护，笔者建议：一级保护应该是列入全国或上海市文物保护单位的，整个厂的建筑基本上都属于保护范围的，如上海杨树浦自来水厂，严格按原真性保护要求，厂区总平面和道路，主要厂房建筑和水池、机器设施都保持原状。工厂机器设施更新很常见，作为重点文物保护，为了留下发展痕迹，老机器至少保留一套，新机器设施要标识明显以便区分识别。文物级的工业遗产是不可移动的固定资产，每件都必须编号列入清册。所以花很大投入保护文物级工业遗产，是为了传承工业发展历史，因此文物级工业遗产再利用最合适的途径是开办工业遗产博物馆，用史料和图片解读厂房设施和产品。二级保护应是单项工业厂房或工业建筑列入上海市优秀历史保护建筑名单，其建筑外貌和内部结构保持原貌，应留一部分原貌生产现场，开辟历史陈列室。三级保护应是列入不可移动文物名单的工业遗产，保护其建筑外貌和结构，可以做局部改造，但也应有历史陈列室。

笔者还认为，凡列入一至三级的工业遗产，政府主管部门应严格监管，将工业文化遗产纳入历史文化遗产保护，在业务上给予指导，在政策上给予倾斜，建立年度报告和不定期检查制度。

工业遗产保护需要投入，合理利用关系到保护经费和运营开支的来源，没有经费，保护没法落实。只顾经济效益，将工业遗产降级为旧建筑再利用，任意改变原貌，应查处及时纠正。在工业遗产保护上，应当清醒地意识到：利用是为了保护，保护是为了合理利用。

## 优秀近代工业建筑保护实例
### 上海杨树浦自来水厂

杨树浦路 830 号　上海市第一批优秀历史建筑　上海市不可移动文物

始建于 1881 年，由英商上海自来水股份有限公司投资，英国休斯顿公司建筑师哈特设计，将苏格兰的斯特林城堡移植到水厂设计中；1883年6月29日竣工投产使用。上海城市不断扩展人口不断增长，自来水供水量也不断上升，水厂不断扩建。20世纪30年代，水厂拥有沉淀池、快滤池、唧机室、进出水机组等，建筑面积达1.28万平方米，供水能力每日30万立方米，是远东最大的自来水厂。

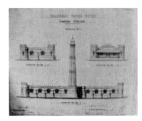

英商自来水公司图纸

水厂的建筑都是二三层楼房，砖混结构，无论是车间还是管理用房都是一个建筑风格，青砖清水墙镶嵌红砖做饰带，墙身窗框、腰线和压顶用水泥粉砌并突出砖墙，墙角用水泥粉砌出偶石状，洋溢着浓浓的英国城堡建筑情调。

百年水厂不断扩建改造，但是始终保持着不同时期建筑风格的一致性，如现在厂的大门是1928年新建的，仿佛是建厂时的模样。

现在的杨树浦自来水厂

水厂设备在不断更新，生产能力不断提高，现在取水口由黄浦江改为长江口江心的青草沙，水质更好，供水能力每日达到148万立方米，年供水量达4亿立方米，占上海总供水量四分之一。

2003年在水厂内，利用一部分历史建筑辟为展示馆，与生产区分隔，每周四、六向社会公众开放。展示馆用图片、档案资料和实物，展示百年水厂发展历史，描绘明天的发展，既讲述历史又普及科技知识，既观赏了百年建筑又增长了知识。

杨树浦水厂门

工部局宰牲场

宰牲场瞰视

宰牲场柱子

宰牲场滑道

上海杨树浦自来水厂为保护历史建筑提供了范例，一是百年间始终坚守统一建筑风格，无论什么年代无论厂领导更换，都不受影响是很不容易的，许多老厂都有各个年代各种风格建筑，独有杨树浦水厂始终不变，保持历史原貌。二是百年老厂设备在更新，生产能力在不断提高，建筑依然如故，还在使用，延缓了寿命焕发了青春，做到了物以尽用。三是生产和承担社会宣教责任两不误，将水厂办成为上海人民提供优质自来水的工厂，又将水厂办成爱国主义教育和科普教育的场所。

## 上海工部局宰牲场

*沙泾路10号　上海市第四批优秀历史建筑　上海市不可移动文物*

1933年上海公共租界工部局为了控制瘟病曼延，统一收购食用牛后，统一宰牲、统一检验，然后投放市场。在虹口沙泾港旁择地建造大型宰牲场，由英国建筑师巴尔弗斯设计，华商余洪记营造厂承建，占地面积1.5万平方米，建筑面积3.17万平方米，耗资330万元白银。

宰牲场由宰牲车间和处理车间两部分组成，宰牲车间高5层，钢筋混凝土结构，规模为当时远东最大。建筑平面为围合式，中心圆形平面，四周为矩形平面，通过许多廊桥接接成整体，外方内圆的平面构图与中国传统的"天圆地方"理念相巧合，它符合宰牲工艺流程和通风采光的功能需求。墙身设计50厘米厚，墙壁中间留空，起隔热作用。建筑外型仿古罗马巴西利卡风格，朴实、粗犷又大气。根据通风采光需要设计的大面积水泥漏窗，外立面整齐美观，室内光影变幻。结构设计水平高超，300根粗壮的水泥伞形柱支撑起这庞

工部局宰牲场

宰牲场通风花饰

老场坊

宰牲场内图

大建筑，底层伞柱用巴西利卡风格装饰，楼层伞形柱柱帽托起现浇楼板，看不到一根横梁，这种无梁楼盖结构设计在当时是很先进的技术。26座廊桥高低错落给设计和施工带来很大难度，变幻莫测的空间使人感到神秘。中心围屋顶悬臂梁柱结构，超大空间使人震撼。

　　随着肉类加工生产现代化，废弃宰牲场建筑长期空置，曾做过生化工厂。2006年8月启动将老建筑改造为1933老场坊项目，2007年年底老建筑获得重生，保持其结构体系和建筑风貌，注入时尚和创意新元素，一时成为新闻焦点。1933老场坊定位建筑设计、文化创意、广告传媒、影视秀场和互联网，租金每平方米4.5~6元，不少企业进驻。这里也是观光和休闲好地方，尤其吸引建筑摄影者。巴黎设计展、动漫展、法拉利F1活动、安利精英颁奖会、新年锐舞派对等主题活动全年不停。

改建为1933老场坊创意园

老场坊中央舞台

老场坊内的咖啡店

## 裕丰纺织株式会社

平野勇造

**杨树浦路2866号 上海市第三批优秀历史建筑 上海市不可移动文物**

　　由日本大阪商人早期在上海建造的棉纺厂，工厂沿黄浦江岸线建造，日本建筑师平野勇造设计。工厂建筑分1921年和1935年两期，厂房以锯齿形为主，少量是木柱木屋架结构，大量是钢柱墩钢屋架，外立面红砖清水墙。解放后改为国棉十七厂，分早、中、晚三班生产，工人达万人。

　　由于产业结构调整，生产转移到江苏大丰，昔日机器轰鸣的国棉十七厂停产了，厂房被空置，曾打算夷为平地作为建设用地，但

裕丰棉纺厂改为上海国际时尚中心

裕丰棉彷厂木屋架锯齿形车间

上海国际时尚中心门口

曾经的裕丰棉纺厂棉花仓库外扛包大楼梯

上海国际时尚中心木屋架节点

上海国际时尚中心木屋架与
砖墙节点

上海国际时尚中心钢屋架车间

原厂房被编号成为国际时尚中心内的一幢幢购物区

上海国际时尚中心木屋架车间

裕丰纺织厂厂区内的办公楼

上海国际时尚中心钢屋架细部

裕丰棉纺厂厂房锯齿形的屋顶

裕丰棉纺厂净化车间

是作为百年纺织老厂房，是上海杨浦作为我国近代工业发源地组成部分，是珍贵的历史建筑，是印证历史的实物。上海纺织控股集团公司在国棉十七厂 2007 年 3 月停工后，即着手筹划 4 亿元开展保护性开发项目，定位时尚精品仓库、创意办公、设计师工作站、多功能秀场、餐饮娱乐私顶级会所六个功能。一期工程秀场、会所和 400 米游艇码头，二期工程精仓、办公和餐饮。2012 年全部竣工后正式对公众开放。昔日锯齿形连排厂房华丽转变为既有浓郁老工业特色又体现时代风貌的建筑群，延续了老厂房使用寿命，转换其使用功能。

江南制造局龙华分局制造枪支和弹

## 江南弹药厂旧址

**龙华路 2577 号 上海市第三批优秀历史建筑 上海市不可移动文物**

洋务运动主将李鸿章创办江南制造局后，1870 年下令丁日昌、冯竣光在上海龙华建造弹药厂，占地 100 亩，李鸿章还邀请德国工程师在厂里建立中国第一个工业研究所。1927 年国民革命军接管后改为淞沪司令部，解放后为 7315 兵工厂。

曾经的兵工厂，现还留存着 1876 年建造的翻砂车间，铁柱铁屋架结构，建筑面积 933 平方米，有 9 幢建筑属于历史保护建筑。为了保护历史文化遗产，南京军区和上海市政府有关部门协议后，决

江南制造局枪炮厂车间外加上玻璃幕墙

江南制造局枪炮厂

江南制造局弹药厂

江南制造局炮厂

江南制造局枪炮厂留下的旧痕

江南制造局枪炮厂改为创意园

定军产转为民用，上海周氏圣博文化发展公司 2005 年开始将厂区改建为创意大院，历史建筑维持原貌，厂区种植各种花木，成为花园式创意园区。

百年老厂转换功能，延续历史文化，吸引许多文化企业进驻，现聚集 60 余家，有艺术设计、广告传媒、文化教育培训和咨询行业，年总产值 3.7 亿元，提供就业岗位人数 1000 余个。

## 上海啤酒有限公司

**宜昌路 130 号 上海市第三批优秀历史建筑 上海市不可移动文物**

1912 年挪威人创办，原址在戈登路（今江宁路），1933 年邬达克建筑师承接在宜昌路新建厂区的设计业务，总建筑面积 2.8 万平方米，利源和营造厂承建，1934 年 8 月竣工。总平面根据苏州河弯曲河道形成 U 形地皮布置，由酿造楼、灌装楼和办公楼等组成，用简约装饰艺术派建筑风格。酿造楼 9 层框架结构，安装从国外进口先进设备，工艺流程机械化。灌装楼 5 层钢筋混凝土无梁楼盖结构，满足卫生要求。

曾经是远东最大啤酒厂 2002 年初面临苏州河沿线整治，工厂迁址，旧厂房拆除改为生态绿地公园的决定，9 层酿造楼已经拆除 4 层，在社会舆论强烈呼吁下，上海市规划局紧急叫停，组织罗小未、阮仪三、伍江等学者研讨，在拆与留上反复讨论，最后听取了折衷方案，拆除部分保留主要。灌装楼保留原结构，改造成苏州河展示中心；酿造楼保留残余部分，改造为会所、精品酒店。

上海啤酒厂改建为苏州河展示中心

上海啤酒厂酿造楼剩余部分改上海壹号码头精品商店

上海啤酒厂工地

虽然上海啤酒厂原貌没有保存下来，但是两幢主要厂房建筑被抢救下来是很容易的。

丰田纱厂铁工部

丰田自动织机的创立者丰田佐吉

丰田纱厂铁工部模型

丰田铁工部 1924 年纺织机

丰田纱厂铁工部厂展厅陈列历史档案图片和 1924 年生产机器

## 丰田纱厂铁工部

**万航渡路 2318 号 上海市不可移动文物**

日本铁工部丰田汽车是世界著名品牌，丰田的企业文化盛名天下。丰田最早起家在上海，1921 年在上海成立专为丰田纺织厂维修机器的丰田纱厂铁工部，占地 12 亩，车间为锯齿形红砖墙，1942 年改为丰田机械制造厂。1945 年日本在第二次世界大战中成为战败国，丰田厂作为敌产，由中国纺织建设公司接办，改为中国纺织建设公司上海第一机械厂。1950 年起为上海第一纺织机械厂，2000 年后上海产业结构大调整，纺织厂转移到产地，厂房被空置起来。

日本丰田集团很注重企业文化，多次派员到上海考察，收集有关历史资料，请一些学者筹划丰田纱厂铁工部纪念馆，经上海市有关部门同意，由丰田集团向上海第一纺织机械厂租用原丰田厂办公楼和食堂辟为纪念馆。经过修缮后建筑保持原样，陈列厅以档案史料和图片展出丰田起家后发展历史，还陈列 1924 年生产的纺织机，2008 年正式落成。丰田集团专门组织员工到上海参观，日本新闻媒体作了报导。第三次全国文物普查后列入上海市工业遗产名录，每年中国文化遗产日对外开放，平时参观须预约。

## 太古洋行

*中山东二路 22 号 上海市第四批优秀历史建筑 上海市不可移动文物*

太古洋行 1867 年在上海四川路 14 号成立，1872 年又筹建太古轮船公司经营中国内河航运，在日本、香港地区和南洋有定期航班。1873 年太古轮船公司购进法兰西码头为太古码头，1882 年在浦东建华通码头，1889 年在浦东建太古仓栈码头，至 1936 年拥有江海轮船 70 余艘。

1906 年在外滩中山东二路新安街处建造太古洋行写字楼，由新

太古洋行大楼被列为上海市优秀历史建筑

1906 年太古洋行在全面修缮

太古洋行的办公楼与仓库

太古洋行大楼修复

太古洋行机红砖外墙嵌缝
太古洋行外墙修复灰浆嵌缝
太古洋行立面留下原水落管和
仓库加固铁锚

瑞和洋行设计，4 层砖混结构，设地下室一层，清水红砖墙身，正立面入口处三个砖圆拱，屋面女儿墙中央用砖雕巴洛克山花装饰。1930 年在写字楼后面贴着建　座货栈，南侧面设室外水泥长楼梯连通各层货栈，楼梯踏步平坦，专供码头工人扛包或背包送货用。

　　1954 年太古洋行建筑改为上海丰华原子笔厂厂房，原 4 层写字楼加层后为 5 层，曾一度流行原子笔畅销全国出口至国外，生产量激增原厂房不敷使用，搬迁至浦东新厂房。2009 年这座空置的建筑起死还生了，香港投资商投入巨资修复这座历史建筑，室内写字楼与货栈打通，将货栈中间天井改为中庭。外滩立面将覆盖在清水红

太古洋行利用窗洞改作橱窗

太古洋行在整修

太古洋行北立面大丁门

太古洋行入口大厅和楼梯　　太古洋行大楼入口处　　太古洋行中厅两侧商店　　太古洋行中厅两侧商店

砖墙上的粉层涂料剥落，呈现清水墙原貌重新镶嵌砖缝，经过全面整修后成为上海外滩又一个集高档奢侈品、时装、餐饮于一体的时尚地标。

## 格林邮船公司大楼

**中山东一路 28 号 上海市第二批优秀历史建筑 上海市不可移动文物**

又名怡泰大楼，源自怡泰公司，1901 年由英国商人麦格雷戈兄弟创办怡泰公司，早期在广东路 17 号联合大楼内，代理英国皇家邮船公司在华业务，后来承揽到了英国格林轮船公司在华的代理权。中山东一路 28 号原是禅臣洋行地皮，该行撤离后怡泰公司买下禅臣洋行旧楼，1920 年拆除旧楼新建大楼。

新楼由英商公和洋行设计，1920 年动工，1922 年竣工。《黄浦区地名志》记载投资方为英商格林邮船公司，占地面积 1751 平方米，建筑面积 11181 平方米，七层，钢筋混凝土结构。大楼坐北朝南，东和南立面作为主立面拱入口大门仿帕拉蒂奥组合，帕拉蒂奥是四大装饰风尚之一，把罗马柱式更细化。拱券大门两边设置爱奥尼克柱式，一二层外墙面用花岗石饰面，呈现水平横线条；三至七层用细石英石拌水泥饰面，五层与六层间做挑檐和女儿墙上下做沿边线，又呈现了水平横线条；临外滩东立面设置塔楼再用数条横线条装饰，整个立面稳重又壮观，层次清晰。远处望去犹如一艘巨轮，这是建筑师设计的匠心所在，英国新古典主义风格在上海的代表作品之一。

门厅用黑白相间的大理石地坪和大理石楼梯，楼层写字间为拼花木地板，走廊为马赛克地坪，二层有四个房间有阳台，三至四层有半挑内阳台，顶层为经理寓所。大楼内冷热水系统、水泵、水汀、锅炉、发电机等设备俱全，还有电报收发报房。

怡泰公司代理英国格林轮船公司在华业务，1941 年太平洋战争爆发，日伪政权接管怡泰公司，日本战败后怡泰公司收回，恢复了航运业务，还将部分大楼租借给美国海军及美联社等机构，美联社在大楼内安装大功率通信设备。

1950 年大楼由上海房管部门接管，调拨给上海人民广播电台使用，直至 1996 年该台迁出搬入虹桥上海广播大楼。接着上海广播电影电视局将此楼作办公楼使用。

怡泰人楼是外滩建筑群中最后一幢整修的大楼，清理了原来做广播电台时遗留的残余管线，修补了墙身裂缝和渗漏，外立面修旧如旧，室内按现在使用单位上海清算所要求，铺设空调和计算机网络线路，原有门窗、地板和壁炉保留，使老建筑既有历史风貌又有现代化办公设施。

格林邮船大楼

上海人民广播擂电台入驻大楼

原格林邮船大楼修缮后由上海
清算所进驻

修缮后上海计算所南立面

清算所保留原有铸铁楼梯栏杆

清算所大门

清算所外滩立面旋转门

清算所内廊护壁和马赛克地坪

清算所大厅入口处

清算所大厅

清算所大楼梯

清算所高管办公室

清算所保留原办公室内壁炉

修复后的怡泰大楼

清算所塔楼

清算所屋顶女儿墙处眺望黄浦江

## 明光火柴厂

**光复西路 2521 号　上海市工业遗产**

　　最初上海火柴是外商生产的，1923 年日本商人在此开设燧生火柴厂，雇佣廉价华工，生产猴牌火柴，后来由于抵制日货运动的影响，

猴牌火柴

凤凰牌火柴

刘鸿生致火柴联合会信函

日本火柴在市场销路每况愈下。1928年瑞典火柴公司兼并了燮生火柴厂，在美国注册，生产树牌、凤凰牌火柴，改名明光火柴厂。

刘鸿生1920年在销售煤炭上挣了大钱，他瞄准投资少、售价小，但又是千家万户不可缺少的火柴，他认为小钱产品可挣大钱。另一方面他妻子是燮昌火柴厂老板的女儿，他决定开设火柴厂，由于与苏州电灯厂老板关系密切，首先在苏州开设苏州鸿生火柴厂，接着开设上海荧昌、周浦中华、镇江荧昌、九江裕生、汉口荧昌和东沟梗片厂等七个分厂，1930年5月成立大中华火柴公司，年产火柴15万箱，成为全国最大火柴企业。

解放后中华火柴公司改为国营华光火柴厂，1966年改名为上海火柴厂，2007年上海苏州河沿岸工厂搬迁，长风地区成立生态商务区，保留原上海火柴厂有特色的锯齿形单层厂房，在厂房边上新建商标火花博物馆，成为传承苏州河沿河工业文化遗产的一个窗口。

上海火柴厂（前燮生火柴厂）

中国火柴股份公司股票

华光火柴厂车间

华光火柴厂车间内景

火柴展示馆　　　　　　　　上海火柴厂黑头梗车间修缮前　　　　上海火柴厂黑头梗车间修缮后

## 上海试剂总厂

**大渡河路 160 号 上海市不可移动文物**

　　1946 年中央制药公司在沪西陈家渡购并德商哈门药厂，改为上海厂。1954 年中央制药厂和毗邻的酒精厂、醋酸厂合并成立化学试剂厂，1958 年工厂规模扩大，厂区占地面积 93505 平方米，建筑面积 23776 平方米，职工 1339 人。1965 年改为上海试剂总厂，1990年工业产值亚 2 亿元，在全国化学试剂行业中利税、销售和劳动生产率均占首位。

　　2003 年开始筹建长风生态商务区，试剂厂停产，旧厂房基本保留，经过规划和设计，改造为上海游艇会，旧厂房改建为酒吧、餐厅、展厅和会所，苏州河沿线改造为游艇码头，62 米高的旧烟囱成为上海游艇会的标志。

上海试剂厂改建的上海游艇会

霓虹灯下原上海试剂厂的烟囱

# 杨树浦路马登仓库

## 杨树浦路 147—155 号 虹口区不可移动文物

马登仓库被列为虹口区文物保护单位

原英商茂泰洋行在黄浦江边建有马登码头，1929 年建造一座新仓库，以英国建筑师马登（MARDEN）命名。仓库平面为矩形，钢筋混凝土框架结构，高六层，建筑面积 16212 平方米。立面显露框架结构，竖横线条整齐，每层窗肚墙上开设一排钢窗，最有特点是在正立面山墙处将马登英文字母镂空镶在其中。

2013 年这座现代建筑风格的老仓库被列为虹口区不可移动文物，老建筑再利用辟为创意园区，不少公司进驻办公。

马登仓库侧立面上的消防楼梯

马登码头仓库

马登仓库侧立面上的消防楼梯

马登仓库侧立面

# 王家码头合众仓库

## 外马路 725 号 上海市不可移动文物

1930 年建造，五层，钢筋混凝土框架结构，建筑总长 101 米，两端呈半圆形状，水泥粉刷，建筑面积 7000 平方米，原是朱志尧合众仓库公司。

朱志尧出生在上海董家渡，1888 年任招商局"江天""江裕"轮承包人，1898 年任东方汇理银行买办，1904 年创办求新机器造船厂，由于欧战爆发，钢材奇缺价格飞涨，他承包造船严重亏损。1923 年他东山再起创办大通仁记轮船公司、合众航业公司和合众仓库公司。1955 年朱志尧将合众仓库公司交给政府公私合营，同年逝世在重庆南路万宜坊 41 号。

2006 年黄浦区根据黄浦江两岸整治规划，关闭了外马路水果批发市场，2010 年沃弗商业投资管理公司着手利用旧仓库开发为精品会所、咖啡吧、酒吧和饭店。

王家码头合众平面效果图

改建后的合众仓库

## 秦皇岛路黄浦码头

### 秦皇岛路 32 号 上海市不可移动文物

清代光绪二十六年日本南满州铁路会社在这里建仓库，1913 年改为木结构固定仓库，码头长 296 米，水深 6 米，海上船舶在此靠岸卸货，仓储容量 1.7 万吨，露天堆场还可堆煤 4 万吨。1920 年为日本大连轮船株式会社所有，1934 年将码头改建为水泥码头、建造水泥仓库。"八一三"后码头成为日军登陆上海的跳板，仓库储存军用物资。

解放后成为上港三区，1980 年码头扩建后可停靠 7000 吨海轮 2 艘，岸上有仓库 4 座，1993 年起改为汇山装卸区停靠沿海客货轮码头。2010 年上海举办第 41 届世博会时改为世博会水门码头，从这里可乘快艇直达世博会 M2 码头，现为婚礼码头，仓库改造为会所。

秦皇岛路黄浦码头

现在的秦皇岛路黄浦仓库

秦皇岛路仓库

秦皇岛路仓库

现在的秦皇岛路黄浦仓库侧立面

仓库立面上的楼梯

秦皇岛路 仓库

修缮后秦皇岛创意园

## 中国纺织建设公司第五仓库

南苏州路1295号　上海市第四批优秀历史建筑　上海市不可移动文物

中纺第五仓库被列为上海市优秀历史建筑

  1902年建造的砖木结构仓库，半面为矩形，两层楼立面由清水青砖为主，红砖在拱券和腰线部位点缀，两层仓库由砖柱和木梁木地板承重，建筑方整又原始朴素。日军占领公共租界后，仓库被日本人占用，1945年12月国民政府在上海成立中国建设公司，接管和经营上海地区38家日资企业，南苏州路1295号仓库被接管后改为中国纺织建设公司第五仓库，储藏棉花。

  1956年人民政府接收仓库仍为棉花仓库，市纺织原料公司成立后改为公司属下的新闸路仓库。1995年起上海工业结构调整，纺织厂迁往产棉地区，苏州河沿河整治，仓库被空置下来。

  1956年人民政府接收仓库仍为棉花仓库，市纺织原料公司成立后改为公司属下的新闸路仓库。1995年起上海工业结构调整，纺织厂迁往产棉地区，苏州河沿河整治，仓库被空置下来。

中纺第五仓库即新闸桥仓库大门

  1998年台湾建筑设计师登琨艳独具慧眼，看中了这幢苏州河边废弃的仓库，他租下仓库开设登琨艳工作室，利用老建筑室内布置用老木料、老家具、老物件，开创了上海乃至全国老建筑再利用的先例，受到东京大学亚洲近代建筑历史专家村松坤教授推荐，荣获联合国亚太文教遗产保护奖。

中纺第五仓库的大门

中纺第五仓库

中纺第五仓库改工作室

中纺第五仓库

中纺第五仓库改为登琨艳工
作室

库登琨艳工作室

## 密丰绒线厂

波阳路 400 号 上海市第三批优秀历史建筑 上海市不可移动文物

1934 年由当时绒线业垄断企业英商巴顿·博德运股份有限公司
(Patons & Baldwins, LTD, Halifax, England) 投资，英商马
海洋行承建，普伦建筑师设计。厂房由毛纺部、染部、仓库、行政
楼和高级职员住宅等，其中三层半框架结构毛纺部建筑面积达 9000

平方米，六层无梁楼盖绒线仓库建筑面积12000平方米，机器设备全部进口。建厂时形成5800枚毛纺锭。后来扩大生产规模形成12000枚毛纺锭，年产300万磅绒线，产品主要有二蜂牌、蜂房牌。钢筋混凝土无梁楼盖结构的仓库，在当时是建筑上新技术，是近代中国建筑史上标志性实例。

密丰绒线厂工会徽标

1959年改名为茂华毛纺厂，1967年名为上海第十七毛纺厂，90年代上海工业结构大调整，工厂停工。现周边高层商品房已建，厂区原厂房和高级职员别墅也拆除，尚存六层仓库和行政楼。笔者考察新建社区规模较大，建议将六层仓库下面二层改为大型超市，上面三至六层为社区活动中心，行政楼改为街道办事处，如能实现，保护和利用兼得。

绒线包装纸

蜂房牌绒线

建造中的密丰绒线厂

蜜丰绒线厂商标

密丰绒线厂仓库

密丰绒线厂鸟瞰图

密丰绒线厂无梁楼盖

密丰绒线厂仓库、烟囱

密丰绒线厂保留厂房

密丰绒线厂仓库

# 华商上海水泥公司

## 龙水南路1号上海市不可移动文物

华商上海水泥公司董事合影

上海开埠后城市建设大发展，建筑必须的材料水泥都是依靠从国外进口，刘鸿生在创办火柴厂同时，与朱葆三等实业家人士23人共同创办华商上海水泥公司龙华厂，他自任总经理，去日本、德国考察后购买德国湿法回转窑、水泥石电磨机、发电机组等设备，聘用中外专家，1923年建成后投产。厂区建筑面积27万平方米，生产象牌水泥，1936年年产9.8万吨，达到历史最高记录，成为当时中国民族资本的骄傲。

上海工业大调整，黄浦江两岸改造和开发项目启动，上海建材集团将上海水泥厂迁往新址，龙华旧厂址留下圆筒形仓库和水泥运输带框架栈桥。2012年东方梦工厂签协，2013年10月利用老工厂遗迹，成功举办2013西岸双年展。直径50米高大的铁皮仓库和高大的栈桥，给参观者很大震撼。在巨大穹顶空间下，搭建展版和舞台，配置现代光影设备，古朴和时尚结合别出心裁。

华商上海水泥股份有限公司粘土运单

上海水泥厂仓库

西岸双年展在水泥厂仓库内举办

水泥厂仓库内旧设备保留

## 永安纱厂二厂

**淞兴西路258号 上海市工业遗产**

郭氏兄弟1918年成功开设永安百货公司后，1921年趁第一次世界大战爆发后西方殖民者把精力转移到欧洲战场，原料稳定、市场广阔、劳力充足，决定投资纺织业创办工厂，集股资本300万元，大部分华侨认购热情高涨，后来增加到600万元。1922年，永安纱厂正式投产。1925年收购在吴淞蕴藻浜的大中华纱厂，经过扩建后成立永安纱厂二厂。占地7.4万平方米，工厂沿蕴藻浜有码头，原料和产品从码头装船进出，运输便利，厂区有30多幢车间、仓库和其他楼房。

1932年"一·二八"淞沪战役时，工厂内郭氏企业写字楼曾为抗战警备司令部，日军侵占工厂时，改为东亚航空公司，解放后为

永安公司股票

永安纱厂的广告

吴淞蕴藻浜永安二、四厂

永安百货公司

上海吴淞警备司令部。工厂内另一幢写字楼，1949 年曾为驻军司令部，1956 年为北郊区委办事处。1958 年工厂改为上棉八厂。

2007 年 11 月起，上海红坊文化发展公司与上海纺织控股集团对因工业结构调整后休置的工厂进行全面规划和开发，30% 为艺术设计、30% 为艺术交流、30% 为休闲服务、10% 为餐饮娱乐用房，保留各个时期工业建筑，如框架结构车间、钢屋架仓库、锅炉房、变电所、

永安第二纱厂厂区改建为半岛文化创意园

永安第二纱厂车间

永安纺织第三厂产业工会会标

永安第二纱厂厂区瞭望台

永安第二纱厂车间水塔

永安第二纱厂车间砼

永安第二纱厂厂部办公楼改建成饭店

永安第二纱厂仓库

运煤运输架和写字楼，还有部分机器零件和工厂设备。保留工厂原貌，唤醒人们对上海城市的记忆。现名为"半岛1919"创意园，入驻率达七成。

永安第二纱厂写字楼改为咖啡馆

永安第二纱厂发电厂房改为红坊艺术设计中心

永安第二纱厂发电厂房，现半岛创意园区 10 号楼

## 怡和打包厂

**北苏州路甘肃路东北侧 建议列入上海市工业遗产**

英商怡和洋行下属企业，选择苏州河畔，1907 年建造，三层砖木结构细钢柱支撑砖，建筑面积 8600 平方米，平面呈方形，立面红砖清水墙，砖拱圈门窗。怡和打包厂除为怡和洋行货物打包，通过苏州河发运外，还承接其他企业生棉、棉丝、羊毛、皮革等货物打

早期的怡和洋行

改建后的怡和打包厂

包发运和储存。

　　2010 年华侨城集团公司立项苏河湾项目，拿下这个地块。具有百年历史的老仓库保留下来，按修旧如旧原则进行全面修缮，对建筑结构进行加固，转变使用功能。2012 年 8 月华侨城展示中心在老仓库底层开幕，二楼为会所，三楼为艺术家工作室。

怡和洋行打包厂

怡和洋行打包厂的码头货栈

怡和打包厂改为华侨城展示馆

这座具有百年历史的老仓库，保存十分完整，是苏州河畔仓库建筑的代表之一，不知为什么没列入不可移动文物，建议增补进去。

## 正广和汽水厂仓库

通北路 400 号 上海市第三批优秀历史建筑 上海市不可移动文物

正广和汽水公司 1864 年在香港创建，1892 年在今提篮桥海门路处开设汽水厂，1921 年搬迁至通北路现址。1933 年集资 1.5 万两白银建造六层厂房，公和洋行设计，1935 年竣工。六层框架结构，建筑高度 22 米，建筑立面为现代风格，框架外露，清水红砖为填充墙。1936 年在福州路 44 号建造英国乡村式别墅为总部写字楼。

解放后，六层厂房作为仓库，1996 年六层仓库改建为梅林正广和集团公司办公楼。随着工业结构大调整，原来沪东工业区工厂都停产，重新规划为住宅区和商贸区，正广和老厂也面临转型。2013 年 10 月，为了合理利用土地，需要将六层仓库建筑平移 38 米，腾出土地建造 17 层商业办公楼。

六层仓库，平面建筑面积 7000 平方米，有 48 根水泥柱，建筑自重 1.2 万吨，平移工程比 2600 平方米的上海音乐厅大许多，是上海规模最大的建筑平移工程。专业工程公司经过精心设计和计算，

老正广和

正广和公司旧址

马车上印着正广和汽水广告

正广和汽水广告

正广和汽水厂平移工地

正广和汽水厂周围已拆除

正广和汽水厂厂房平移

在墙体和柱下先做基础托架，用 324 个千斤顶托起后，用 18 天时间缓稳地平移至设计的位置。

## 福新面粉厂

福新面粉厂一厂 光复路 423-433 号

上海市第四批优秀历史建筑 不可移动文物

福新面粉三厂 光复西路 145 号 不可移动文物

福新面粉二、四、八厂 莫干山路 120 号

上海市第三批优秀历史建筑 不可移动文物

1912 年 12 月 19 日，荣氏兄弟——荣宗敬、荣德生在上海创办了福新面粉厂，是近代上海最大的私营机器面粉厂。

荣氏兄弟系江苏无锡西乡人士，荣宗敬 1873 年生，年长荣德生两岁。荣氏祖上虽做过大官，但到了兄弟俩父亲荣熙泰这一代，家境已近贫寒。兄弟俩十四五岁便到上海学生意，先后都在钱庄里做事。因为二人天性勤奋好学，踏踏实实又能吃苦，学徒期间得了师傅真传，出师后便自己筹钱开了钱庄。经营了几年，生意做得有条有理，但也是不温不火。兄弟俩踌躇满志希望生意做大，几番辗转周折后，二人决定投资办厂，搞实业。

通过实地调查和了解，俩人对面粉业产生了浓厚的兴趣。1902 年先是在无锡开办保兴面粉厂，后因当地乡绅从中阻挠，面粉又销路不畅，厂子一度陷入困境。后来兄弟俩找来了同乡王禹卿帮忙。王禹卿原是在北方做销售的，熟悉那里的行情脉络，加之北方人吃面食的习惯，面粉在那里甚是好销，一下子为面粉厂打开了销路。于是荣氏兄弟为了扩大再生产，不断引资，厂子还改名为茂新面粉厂。终于在兄弟俩的坚持下，面粉厂度过了难关，盈利年年增长。

此时，生意越做越红火的荣氏兄弟想到了全国的金融要地——上海，他们知道那里是冒险家的乐园。对于生意人来说，风险与利润是成正比的，为了寻求进一步的发展，他们以茂新面粉厂为后盾，再行集资 4 万元，来到上海开办了福新面粉厂，1913 年 7 月正式开业，由荣宗敬任总经理，荣德生任公正董事。到了 1914 年，沪上福新面

粉厂已开设 3 家之多。随着一战的爆发，国际市场对面粉的需求骤增，出口加大，面粉厂的产品供不应求。荣氏兄弟再次抓住这个机遇，本着"造厂力求其快，设备力求其新，开工力求其足，扩展力求其多"以及"人弃我取，将旧变新，以一文钱做三文钱的事"的生意经，通过租用其他小面粉厂的厂房或是重新购地的方式建厂扩大生产。至 1921 年，福新面粉厂发展到了 8 家，其中除了福新五厂在汉口外，

福新面粉一厂

福新面粉二厂

福新第三面粉厂

上海福新第三面粉厂麸皮打包机

上海福新第三面粉厂面粉打包间缝口机

其他都在上海。

　　经过战火硝烟的年代，而今福新面粉厂的部分建筑被有幸保留下来。福新面粉一厂位于光复路423号，有一座6层砖木结构的大楼，由通和洋行设计，清水红砖外墙，现已被列为上海市不可移动文物。这里经修缮改造后成为苏河现代艺术馆，建筑面积2000平方米，承办各类艺术展览活动。

　　福新面粉厂二厂、四厂、八厂的部分建筑群位于莫干山路120号的苏州河叉袋角区域，已被列入上海市第三批优秀历史建筑保护名单，其中福新二厂的小包装面粉仓库建于1913年，三层砖木结构，南北朝向，占地面积346.2平方米，建筑面积约1112平方米。

福新面粉七厂

福新面粉厂账房楼

福新面粉八厂

福新面粉三厂建筑两翼已被拆除

　　建于 1926 年的福新面粉三厂坐落在光复西路 145 号，有一幢临河三层砖混结构的建筑，是当时厂办公楼，欧式的古典建筑风格。原建筑体量较长，主体为三层砖混楼房，两翼是二层砖木结构的仓库，现仅存主体部分，两翼已不在。2009 年因光复西路道路拓宽，这幢重达 2000 多吨的老楼被平移，并按顺时针 16 度方向移了近 50 米，从而也使其建筑形态为苏州河畔的路人更直观地观赏到。福新面粉厂的经营史是我国近代实业家发展民族经济，抵御外国经济侵略的缩影。幸存的建筑是研究近代经济与工业史的标本，有必要加以修缮保护，以其独特的历史底蕴向世人展示近代民族工业的那一页。

CREEK 苏河

福新面粉厂

# 南市发电厂

## 花园港路 200 号

### 上海市不可移动文物

上海华商电气股份有限公司股票

1897 年，清政府上海道台蔡钧与上海县令黄承暄决定仿效租界创设电厂，下拨 4000 两白银雇人建造，并向沪北英商怡和洋行租借蒸汽发电机一台。1898 年 1 月 21 日南市电灯厂建成试灯，外马路上松木电杆的 30 盏电灯一同放光，《申报》以"光明世界"为题报道了这个消息，从此中国人在上海办的第一家电厂正式发电。

几年过去，官办企业经营不善，电厂问题连连，在 1906 年由官办改为官助商办，成立了上海内地电灯有限公司。1917 年公司与电车公司合并成立华商电气股份有限公司，电厂不断扩容，到 1931 年，最高发电量达到 9500 千瓦。新中国成立后，1955 年华商电子股份有限公司改公私合营，厂名改为南市发电厂。

2010 年世博会期间，南市发电厂主厂房改为世博会未来探索馆，体形与高度及厂房立面不做大的变动，基本延续了建筑原有的特质，在内部加层，用于展示非物质及无形的城市实践案例。另外厂房里包括发电机组在内的各种设备亦被保存下来，成为难得的原生态展品。厂房的改建中使用了江水源热泵及太阳能光伏发电等技术，使传统的高污染、高耗能的工业电厂转化为绿色能源中心。发电厂 165 米的烟囱也进行改造，改造后成为高达 201 米的动态观光塔，取名"世

南市发电厂改造后立面

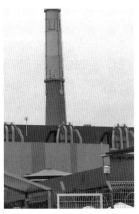

发电厂的大烟囱改造为世博和谐塔

上海当代艺术博物馆 logo

南市发电厂改建为世博会展馆

博和谐塔"。

2012 年再度华丽转身，修缮一新成为上海当代艺术博物馆，集当代艺术展览、收藏、研究、交流等功能为一体。改建后总建筑面积达到 4.1 万平方米，具有大小高度不一、适合各种展览的 12 个展厅以及图书馆、研究室、报告厅等功能性设施。从上海第一家国人自己开办的电厂到今天中国第一家公立当代艺术博物馆，它的存在成为了联系当代艺术展示与近代工业发展历程的纽带。

## 南市电话局

中华路 734 号 上海市第三批优秀历史建筑 上海市不可移动文物

位于中华路 734 号的南市电话局由清政府投资，成立于 1907 年，是上海第一个由中国政府经办的电话局。在这之前，电话业务多由外商垄断，电话线从租界延伸至南市、闸北、浦东等地区，受到官绅反对，有意抵制。在实际商务往来中，也有中国的生意人对电话这一新兴事物感到确有需要，于是在 1902 年上海本地商人自办的南市电话公司开张了，但生意不佳，为制止外商垄断，民众呼吁政府能开办电话局。于是在 1906 年到 1907 年间政府拨款 3 万元筹建了这家南市电话局。

20 世纪初期的电话接线房

成立初期，电话局只是租了三间民屋办公，在里面装了磁石式交换设备。之后随着电话业务的扩大，1916 年南市电话局改名上海电话局南市总局，归属国民政府交通部。1922 年，南市总局迁入了这幢中华路 734 号新厦。大楼竣工于 1920 年，占地 604 平方米，新古典主义风格，钢筋混凝结构，共三层。面左右对称，在中轴的顶部是一座方形的钟楼，钟楼以穹窿做顶，四角有科林斯式组柱。在三楼的中间基座下方是半圆券窗，券窗周围有巴洛克浮雕装饰。

上海南市电话局话务员接线场景

1955 年后这里改为市内电话局中华路分局。现在上海市电信公司中区电信局中华分局、中国邮政储蓄银行银行大南门邮政营业部在这里办公。

南市电话局

南市电话局大楼被列为上海市优秀历史建筑

大楼上的方形钟楼

## 上钢十厂

*淮海西路 570 号*

位于淮海西路 570 号，是原上海第十钢铁厂冷轧带钢厂的主厂区，这是新中国第一个五年计划时建造的钢铁企业，1956 年创建，于 1958 年建成。厂房长约 180 米，宽约 18~35 米，内部空间高大宽敞，体量巨大，充分体现出当年大炼钢铁的豪情壮志。

1989 年生产转型后这里处于闲置状态，而上钢十厂南临淮海西路，离徐家汇、虹桥商务中心较近，其发展潜力巨大，这样的闲置势必不是长久之计。2005 年根据城市规划调整，该地块的用地性质

上钢十厂厂区改为雕塑广场

上钢十厂厂房侧面

上钢十厂旧厂房改为上海城市雕塑艺术中心

被确定为公共文化用地，上钢十厂的厂房得到保留并改造更新，成为以上海城市雕塑艺术中心为核心的公共文化中心，即红坊创意园，总投资 5000 万元，2005 年 11 月 11 日正式对外开放。

改造后，占地面积 6280 平方米，保留了厂房原有的钢筋结构、高大的空间感、粗毛的混凝土墙面、红砖等建筑特征，工业遗产厚重的历史感得意延续，而入驻其内的企业都是来自国内外不同艺术领域的知名文化企业，正以其独特的艺术创意，再次使这里充满生机与活力。上海市雕塑管理委员会有关人员曾表示："此番尝试，对上海世博会、乃至更广义的老式工业厂房的保护和利用都有指引作用。"

## 阜丰面粉厂

### 莫干山路

### 上海市不可移动文物

1898 年近代实业家孙多森与孙多鑫兄弟俩投资 20 万两白银购地 80 亩筹建阜丰面粉厂，原址位于苏州河边的莫干山路地区，与福新面粉厂毗邻。它是近代中国民族资本创办的第一家机制面粉厂，制粉设备全套从美国进口，其中钢磨有 16 台，厂房请通和洋行(Atkinson & Dallas) 的设计师专门配合进口设备设计。1900 年正式建成投产，日产面粉 2500 包。

办厂期间，孙氏兄弟还向清政府商务部呈请办理公司登记注册和产品商标备案，并申请给予优惠政策，免去部分税厘。最终凭着孙氏家族在官场上的地位和清末政府鼓励实业、民办企业等有利条件，阜丰面粉厂所产面粉被清政府批准"概免税厘，通行全国"，面粉的商标"自行车"牌也逐渐走入千家万户。

随着上海面粉工业生产进入"黄金时代"，阜丰面粉厂从 1927 年开始扩建厂房，增添设备，建成一座日产 8000 包面粉的现代化生产车间，到了 1936 年日产面粉达 26000 包，1937 年又扩建 24000 吨自动化圆筒仓库，成为当时远东规模最大、设备最先进的面粉厂。解放后，阜丰面粉厂于 1956 年 11 月与福新面粉厂合并，就是后来

阜丰面粉厂

阜丰面粉厂商标注册申请

阜丰机器面粉股份有限公司作废股
票一张

阜丰面粉厂自行车牌商标

阜丰面粉厂

的上海面粉厂。

　　办公楼立面中部两根科林斯柱显得气势雄伟，建筑轮廓线硬朗分明。厂房采用坡屋顶，侧向天窗。而今当年的厂区建筑群已悉数被拆，现只留下零星几幢建筑空壳，令人叹息。就在它附近M50创意园区已成为普陀区的一张文化名片，不知这种老厂房改创意园区的华丽变身会否也会阜丰面粉厂残留的几幢宝贵建筑带来新的生命启示。

阜丰面粉厂建筑内天井

# 附录 A：老上海工业建筑一览表

## 1　1840–1895 年

### 1.1 外商

| | | | |
|---|---|---|---|
| 贝立斯船厂 | 美 | | 1856 年 |
| 祥生船厂 | 英 | | 1862 年 |
| 旗记铁厂 | 美 | | 1863 年 |
| 耶松船厂 | 英 | | 1865 年 |
| 旗昌丝厂 | 美 | 1891 年改为法商宝昌丝厂 | 1878 年 |
| 怡和丝厂 | 英 | | 1882 年 |
| 纶昌丝厂 | 英 | | 1891 年 |
| 信昌丝厂 | 德 | | 1894 年 |
| 商务烟草公司 | 美 | | 1893 年 |
| 公和祥码头公司 | 英 | | 1871 年 |
| 太古轮船公司 | 英 | 轮船、码头、仓库 | 1872 年 |
| 蓝烟囱轮船公司 | 英 | 轮船、码头、仓库 | 1872 年 |
| 怡和轮船公司 | 英 | 轮船、码头、仓库 | 1877 年 |
| 上海华章纸厂 | 美 | | 1881 年 |
| 大英自来火行 | 英 | 煤气 | 1864 年 |
| 上海自来水公司 | 英 | | 1881 年 |
| 法商自来火房 | 法 | | 1893 年 |
| 上海电光公司 | 英 | 发电 | 1882 年 |

### 1.2 官僚资本

| | | | |
|---|---|---|---|
| 江南机器制造总局 | | 1865 年李鸿章买下旗记铁厂后从虹口迁到高昌庙 | 1867 年 |
| 轮船招商局 | 官商合办 | 轮船、码头、仓库 | 1881 年 |
| 华新纺织新局 | 官商合办 | | 1888 年 |
| 华盛纺织总厂 | 官商合办 | | 1894 年 |

### 1.3 民族资本

| | |
|---|---|
| 老妙香玉粉局 | 1860 年 |
| 洪盛机器碾米厂（上海最早的民族资本工厂） | 1863 年 |
| 甘章船厂（上海第一家族机械工厂） | 1875 年 |
| 公合永缫丝厂（上海最早的民族缫丝厂） | 1881 年 |

## 2　1895 年 –1914 年

### 2.1 外商

| | | | |
|---|---|---|---|
| 怡和纱厂 | 英 | | 189 |
| 老公茂纱厂 | 英 | 1925 年出售给日商 | 189 |
| 鸿元纱厂 | 美 | 1918 奶奶出售给日商 | 189 |
| 瑞记纱厂 | 德 | 后来售给英商 | 189 |
| 上海纺织株式会社 | 日 | | 190 |
| 英美烟草公司 | 英、美 | | 190 |
| 法商电车公司 | 法 | | 190 |
| 江苏药水厂 | 英 | | 190 |
| 五洲固本肥皂厂 | 德 | | 190 |
| 东方百氏唱机唱片 | 法 | | 190 |
| 内外棉株式会社三厂 | 日 | | 191 |
| 可的牛奶厂 | 英 | | 191 |
| 海宁洋行 | 美 | 糖果、食品、冷饮 | 191 |
| 上海华章纸厂 | 美 | | 188 |
| 大英自来火行 | 英 | 煤气 | 186 |
| 上海自来水公司 | 英 | | 188 |
| 法商自来火房 | 法 | | 189 |
| 上海电光公司 | 英 | 发电 | 188 |

### 2.2 民族资本

| | | |
|---|---|---|
| 内地自来水公司 | 国人自来水公司之始 | 189 |
| 阜新面粉公司 | | 189 |
| 大隆铁工厂 | | 190 |
| 求新机器轮船制造厂 | | 190 |
| 闸北水电公司 | | 190 |
| 景纶机器袜衫厂 | | 190 |
| 大达轮船公司 | 轮船、码头 | 190 |
| 万昌熔铸钢铁厂 | | 190 |
| 公益纱厂 | | 191 |
| 福新面粉厂 | | 191 |
| 达丰染织公司 | | 191 |
| 泰康食品厂 | | 191 |

**4–1937 年**

外商

| | | |
|---|---|---|
| 火柴厂 | 美 | 1915 年 |
| 安迪生电气公司 | 美 | 1917 年 |
| 洋烛厂 | 美 | 1917 年 |
| 烟厂（后来英美合资） | 英 | 1919 年 |
| 纸板公司 | 美 | 1921 年 |
| 机器公司 | 英 | 1923 年 |
| 肥皂公司 | 英 | 1923 年 |
| 中国公共汽车公司 | 英 | 1923 年 |
| 文糖果饼干面包公司 | 美 | 1925 年 |
| 机器修造厂 | 英 | 1928 年 |
| 和汽水公司 | 英 | 1930 年 |
| 局上海宰牲场 | | 1930 年 |
| 火柴厂 | 美 | 1932 年 |
| 啤酒厂 | 挪威 | 1933 年 |
| 棉五、七、十二、十三、十五厂 | | 1945 年由中国纺织建设公司接收 |
| 一、二、三厂 | 日 | |
| 一、二厂 | 日 | |
| 一、二厂 | 日 | |
| 纱厂 | 日 | |

民族资本

| | | | |
|---|---|---|---|
| 纺织一厂 | 1915 年 | 中华煤球公司 | 1926 年 |
| 电器制造厂 | 1916 年 | 江南造纸厂 | 1927 年 |
| 面粉厂 | 1918 年 | 天原电化厂 | 1928 年 |
| 兄弟烟草公司 | 1918 年 | 大中华橡胶厂 | 1928 年 |
| 机器厂 | 1919 年 | 华商公共汽车公司 | 1928 年 |
| 水泥公司 | 1920 年 | 关勒铭金笔厂 | 1928 年 |
| 铁工厂 | 1921 年 | 华丰搪瓷厂 | 1929 年 |
| 纺织印染厂 | 1922 年 | 章华毛纺织厂 | 1929 年 |
| 味精厂 | 1922 年 | 梅林罐头厂 | 1930 年 |
| 化学社 | 1923 年 | 大中华火柴厂 | 1930 年 |
| 药厂 | 1924 年 | 金星金笔厂 | 1932 年 |
| 耳灯泡厂 | 1925 年 | 中华书局上海印刷厂 | 1934 年 |

# 4 1937–1945 年

## 4.1 外商

| | | |
|---|---|---|
| 扬子木材厂 | 日 | 1937 年 |

## 4.2 官僚资本

吴淞机器厂、通用机器厂、大新机器厂、中央电工器材厂上海分厂、中国纺织建设公司（战后接受日本在华的棉、毛、麻、印染厂 85 家）1945 年

## 4.3 民族资本

| | |
|---|---|
| 中国生化制药厂 | 1937 年 |
| 泰利机器厂 | 1938 年 |
| 达安纱厂 | 1938 年 |
| 寅丰毛纺印染厂 | 1938 年 |
| 友成耀记玻璃厂 | 1938 年 |
| 民谊制药厂 | 1939 年 |
| 云林丝织厂 | 1941 年 |
| 华成烟厂 | 1942 年 |
| 中国缝纫机制造公司 | 1943 年 |

## 附录 B：老上海仓库一览表

| | | | |
|---|---|---|---|
| 四川中路 66 号 | 6 层 | | |
| 四川中路 126 弄 22 号 | 4 层 | | 1912 年 |
| 四川中路 125 弄 20、30 号 | 4 层 | | 1916 年 |
| 苏州路 249 号 | | | 1918 年 |
| 九江路 218 号 | 5 层 | | 1919 年 |
| 江西中路 457、467 号 | 6 层 | | 1919 年 |
| 榆林路 200-218 号 | 5 层 | 上海卷烟厂 | 1920 年 |
| 香港路 58 号 | 4 层 | 香港路仓库 | 1920 年 |
| 腾越路 2 号 | 4 层 | | 1920 年 |
| 东大名路 815-875 号 | 5 层 | 东大名路仓库 | 1920 年 |
| 虎丘路 66 号 | 6 层 | 虎丘仓栈 | 1925 年 |
| 圆明园路 155 号 | 7 层 | | 1925 年 |
| 商务印书馆 | | 西康路 471 号 | 1926 年 |
| 秦皇岛路 5 号 | 4 层 | | 1926 年 |
| 四川南路 26 号 | 7 层 | | 1928 年 |
| 东大名路 713 号 | 6 层 | | 1928 年 |
| 沙泾路 10 号 | 4 层 | 上海宰牲场 | 1930 年 |
| 北苏州路 970 号 | 6 层 | 浙江银行仓库 | 1930 年 |
| 北苏州路 996 号 | 4 层 | | 1930 年 |
| 新永安街 1 号 | 5 层 | | 1931 年 |
| 益民食品四厂 | 5 层 | | 1931 年 |
| 北苏州中路 1028 号 | 4 层 | 新闸路 1442 号 | |
| 北苏州路 1016 号 | 5 层 | 中实银行仓库 | 1931 年 |
| 通北路 400 号 | 6 层 | 正广和汽水厂 | 1931 年 |
| 北苏州路 1040 号 | 5 层 | | 1932 年 |
| 中山东二路 196 号 | 7 层 | 茂昌冷库 | 1932 年 |
| 澳门路 477 号 | 4 层 | 中华书局上海印刷厂 | 1934 年 |
| 鄱阳路 400 号 | 6 层 | 蜜蜂绒线厂 | 1935 年 |
| 定海路 350 号 | 9 层 | 华光啤酒厂 | 1935 年 |
| 东大名路 378 号 | 5 层 | | 1939 年 |
| 外马路 475-725 号 | 5 层 | | |

# 附录 C：列入上海优秀近代建筑名单的老上海仓库与厂房建筑

## 1. 上海市第一批优秀近代建筑名单　　(1989.9.25)

| 序号 | 80 | 杨树浦水厂 | 杨树浦路 830 号 |
|---|---|---|---|

## 2. 上海市第二批优秀近代建筑名单

| 序号 | 79 | 杨树浦发电厂 | 杨树浦路 800 号 |
|---|---|---|---|
| 序号 | 83 | 四行仓库 | 光复路 21 号 |
| 序号 | 112 | 江南制造局 | 高雄路 2 号（江南造船厂） |
| 序号 | 168 | 耶松船厂、北方局 | 东大名路 378 号（远洋公司） |
| 序号 | 169 | 南洋兄弟烟草公司 | 东大名路 817 号（高阳大楼） |
| 序号 | 175 | 上海造币厂 | 光复西路 17 号 |

## 3. 上海市第三批优秀近代建筑名单

| 序号 | 11 | 天利氮气制品厂 | 云岭东路 345 号（上海化工研究院） |
|---|---|---|---|
| 序号 | 12 | 福新面粉厂 | 莫干山路 120 号（上海面粉有限公司） |
| 序号 | 13 | 上海啤酒有限公司 | 宜昌路 130 号（上海青岛啤酒有限公司） |
| 序号 | 14 | 中华书局印刷厂 | 澳门路 477 号（上海中华印刷有限公司） |
| 序号 | 16 | 东区污水处理厂 | 河间路 1283 号（上号东区水质净化厂） |
| 序号 | 17 | 上海煤气公司 | 杨树浦路 2524 号（杨树浦煤气厂） |
| 序号 | 18 | 裕丰纺织株式会社 | 杨树浦路 2866 号（上海国棉十七厂） |
| 序号 | 19 | 正广和汽水有限公司 | 通北路 400 号（梅林正广和集团有限公司） |
| 序号 | 20 | 怡和纱厂 | 杨树浦路 670 号（裕丰服饰公司） |
| 序号 | 21 | 密丰绒线厂 | 波阳路 400 号 |
| 序号 | 38 | 沪宁铁路局等 | 四川中路 126 弄 5-21 号（元芳弄住宅） |
| 序号 | 94 | 江南弹药厂铁柱厂房 | 龙华路 2577 号（7315 工厂） |
| 序号 | 122 | 西区污水处理厂水泵房 | 天山路 30 号（城市排水技校） |
| 序号 | 128 | 求新造船厂 | 机厂路 132 号 |
| 序号 | 129 | 上海电话局南市总局 | 中华路 734 号（中华路电话分局） |

## 4. 上海市第四批优秀近代建筑名单

| 序号 | 2 | 英商自来水公司大楼 | 江西中路 484 号 |
|---|---|---|---|
| 序号 | 3 | 英商自来水公司办公楼 | 江西中路 464-466 号 |
| 序号 | 31 | 中国纺织建设公司第五仓库 | 南苏州路 1295 号（纺织原料公司新闸路仓库） |
| 序号 | 44 | 大新烟草公司 | 北京西路 1094 弄 2 号（电筒厂职工宿舍） |
| 序号 | 123 | 中国唱片厂办公楼 | 衡山路 811 号（小红楼西餐厅） |

| 序号 | 140 | 龙华机场候机楼 | 龙华西路 1 号 |
|---|---|---|---|
| 序号 | 151 | 工部局宰牲场 | 沙泾路 10 号、29 号（老场坊创意园） |
| 序号 | 211 | 中国实业银行 | 北苏州路 1028 号（跳蚤市场） |
| 序号 | 210 | 新泰仓库 | 新泰路 57 号 |
| 序号 | 212 | 中国银行仓库 | 北苏州路 1040 号 |
| 序号 | 38 | 沪宁铁路局等 | 四川中路 126 弄 5-21 号（元芳弄住宅） |
| 序号 | 94 | 江南弹药厂铁柱厂房 | 龙华路 2577 号（7315 工厂） |
| 序号 | 122 | 西区污水处理厂水泵房 | 天山路 30 号（城市排水技校） |
| 序号 | 128 | 求新造船厂 | 机厂路 132 号 |
| 序号 | 129 | 上海电话局南市总局 | 中华路 734 号（中华路电话分局） |

5.上海市区县文物保护单位和不可移动文物建筑名单

| 浦东新区 | 马勒船厂办公楼、别墅 | 浦东大道 2581 号（沪东造船厂） | 江西中路 484 号 |
|---|---|---|---|
| 浦东新区 | 中国酒精厂旧址 | 南码头路 200 号 | 江西中路 464-466 号 |
| 浦东新区 | 江海南关验货场旧址 | 张扬路杨家渡口南侧 | 南苏州路 1295 号（纺织原料公司新闸路仓库） |
| 虹口区 | 上海英雄金笔厂旧址 | 罗浮路 2 号 | 北京西路 1094 弄 2 号（电筒厂职工宿舍） |
| 虹口区 | 震旦机械铁工厂旧址 | 同嘉路 21 号 | 衡山路 811 号（小红楼西餐厅） |
| 虹口区 | 二十漂染厂 | 物华路 73 号 | 龙华西路 1 号 |
| 虹口区 | 马登仓库 | 杨树浦路 155 虫 | 沙泾路 10 号、29 号（老场坊创意园） |
| 闸北区 | 商务印书馆第五印刷厂 | 天通庵路 190 号 | 北苏州路 1028 号（跳蚤市场） |
| 闸北区 | 商务印书馆旧址 | 宝源路 201 弄 23 号 | 新泰路 57 号 |
| 黄浦区 | 衍庆里仓库 | 南苏州路 979 号 | 北苏州路 1040 号 |
| 黄浦区 | 民生仓库 | 外马路 453 号 | 四川中路 126 弄 5-21 号（元芳弄住宅） |
| 黄浦区 | 合众仓库 | 外马路 725 号 | 龙华路 2577 号（7315 工厂） |
| 黄浦区 | 大储栈仓库 | 外马路 574 号 | 天山路 30 号（城市排水技校） |
| 杨浦区 | 闸北水厂 | 闸殿路 65 号 | 机厂路 132 号 |
| 普陀区 | 长风化工厂 | 云岭东路 951-971 号 | 中华路 734 号（中华路电话分局） |
| 普陀区 | 上海试剂总厂 | 光复西路 2549 号 | |
| 普陀区 | 信和纱厂旧址 | 莫干山路 50 号 | |
| 徐汇区 | 上海水泥厂旧址 | 龙水南路 1 号 | |

# 后记

策划这套书始于 2009 年初，那时我刚来到同济大学出版社工作，在选题开发上我对艺术类选题有了新的认识，对城市的历史发展、建筑、人文、艺术更加关注。同济大学具有百年历史，通过对她的发展、变迁以及独特的学科建设的思考，我拓宽自己选题思路。

两千多年前的亚里士多德曾说过这么一句话："人们为了生活来到城市，为了生活得更好留在城市。"这代表了人类对城市亘古不变的希冀与期待。

当时也是心血来潮想个题目"上海城市记忆"。开始写策划书，找作者， 收集资料，编写写作计划。需要编写人员有足够的学识、文脉与写作经验来完成，这是不小的出版工程，写作难度比较大，文献资料，影像资料力求原始。作者找到了，由于种种原因拖延好久没有定夺，辗转三年多流产了。

互联网的迅速发展，多元化的信息交流，已经有近八年微博的我经常关注人文、艺术等城市影像内容，每天都见到关注我的粉丝，经常交流我们共同关注的内容。其中有个粉丝叫"乔茗星"的，用其儿子名字命名的微博，其本人叫乔士敏，八十年代初上海美术学校毕业，1986 年创办活跃于上海的巴黎咖啡厅艺术沙龙，2000 年成立自己的艺术工作室。乔先生的作品特点是用摄影作品表现其绘画的艺术效果，体现本土文化的又一特点。我们交流得很深，有一个共同的爱好，都是学美术出身，对视觉艺术都有一个共同点。尤其对不间断记录这个城市变迁的过程、留取城市在时光中的片段、剪辑记忆在生活中的足迹。 珍重自然文化与历史文化，给了我们感悟与抚慰。

《上海城市记忆丛书》的编写运用文献、影像、人物采访等多种手段，立体式呈现近现代上海城市与市民生活发展的轨迹，反映上海国际大都市的沧桑巨变和风土人情。城市记忆从本质上说是一种文化记忆。城市应该成为一件艺术品，保留曾经在此居住和生活过的人们的想象力，从而涵养一种独特的历史记忆和人文气质。一幢幢就在人们身边的老房子，透过年轮的沧桑，折射出一段段耐人寻味的历史故事。百年建筑，建筑百年，表现的正是上海国际大都市的城市形象和城市精神。建筑不仅是上海城市精神和创造力的表现，更是这座国际化大都市乃至整个近代中国的现代化走向和发展脉络的折射点。

策划这套丛书，全面、系统总结、呈现上海建筑的历史风貌、时代变迁和今昔变革，铅色的高楼大厦所带来的经济效益不可能长久，而一座城市的文化记忆却是永恒的。那些看似窄小破旧的弄堂，墙壁斑驳的旧式建筑，无一不是一本本具体真实的人类文化与城市发展轨迹的记录簿。历史和文化才是一座城市长盛不衰的魅力与个性。在这些老屋老街的背后所隐含着的民俗民风，独特历史构成了上海的底蕴和内涵，这些历经岁月沧桑却风光依旧的古建筑，浑身上下洋溢着的是一种无法替代的文化气质。

历史建筑和历史景观在城市中扮演着重要角色，它们是历史的见证。越是现代化的社会，越会将自己的传统和历史文化奉若神明。因为正是由于它们的存在，城市的发展才具有了历史的延续性和连贯性，生活在城市之中的市民才能拥有同一份记忆，才能让情感联系得更为紧密。

那泽民

2016 年 1 月 28 日于同济大学出版社

**图书在版编目（CIP）数据**

　　上海百年工业建筑寻迹 / 娄承浩，陶祎珺编著 . -- 上海：
同济大学出版社，2017.4
　　（上海城市记忆丛书）
　　ISBN 978-7-5608-6799-1

　　Ⅰ . ①上… Ⅱ . ①娄… ②陶… Ⅲ . ①工业建筑—文
化遗产—上海②工业史—上海 Ⅳ . ① TU27 ② F429.51

　　中国版本图书馆 CIP 数据核字 (2017) 第 058278 号


上海城市记忆丛书
**上海百年工业建筑寻迹**

策　　划　　那泽民　　乔士敏

编　　者　　娄承浩　　陶祎珺
责任编辑　　那泽民
装帧设计　　润泽书坊+朱倩倩
责任校对　　张德胜
出版发行　　同济大学出版社
　　　　　　（上海四平路 1239 号　邮编：200092　电话：021-65985622）
网　　址　　www.tongjipress.com.cn
经　　销　　全国各地新华书店
印　　刷　　上海丽佳制版印刷有限公司
开　　本　　710mm×980mm　1/16
印　　张　　10.5
字　　数　　210000
版　　次　　2017 年 4 月第 1 版
印　　次　　2017 年 4 月第 1 次印刷
书　　号　　ISBN 978-7-5608-6799-1
定　　价　　68.00 元